给孩子的

极简Python

编程书 应用篇2

编程与游戏

一石匠人　廖世容 著

电子工业出版社

Publishing House of Electronics Industry

北京·BEIJING

图书在版编目（CIP）数据

给孩子的极简 Python 编程书. 应用篇. 2，编程与游戏 / 一石匠人，廖世容著. —北京：
电子工业出版社，2023.10
ISBN 978-7-121-46496-6

Ⅰ. ①给… Ⅱ. ①一… ②廖… Ⅲ. ①软件工具－程序设计－少儿读物 Ⅳ. ①TP311.561-49

中国国家版本馆 CIP 数据核字（2023）第 198638 号

责任编辑：王佳宇
印　　刷：北京市大天乐投资管理有限公司
装　　订：北京市大天乐投资管理有限公司
出版发行：电子工业出版社
　　　　　北京市海淀区万寿路173信箱　　邮编：100036
开　　本：720×1000　1/16　印张：37.75　字数：543.6千字
版　　次：2023 年 10 月第 1 版
印　　次：2023 年 10 月第 1 次印刷
定　　价：149.00 元（全 4 册）

凡所购买电子工业出版社图书有缺损问题，请向购买书店调换。若书店售缺，请与本社发行
部联系，联系及邮购电话：（010）88254888，88258888。
　　质量投诉请发邮件至 zlts@phei.com.cn，盗版侵权举报请发邮件至 dbqq@phei.com.cn。
　　本书咨询联系方式：电话（010）88254147；邮箱wangjy@phei.com.cn。

前言

preface

我的上一本图书《读故事学编程——Python 王国历险记》已经出版四年时间了。再次提笔写书的主要动机是给自己的孩子看。作为少儿编程教育的从业者，我深知编程对孩子成长的重要作用。同时我也看到了在少儿编程课程设计中孩子学习与练习会遇到的诸多问题。作为两个孩子的父亲，我想把最好的少儿编程内容教给他们，让他们少走弯路、节约时间、关注要点。于是就有了这套书的编写计划。

在持续写作的过程中我突然意识到这套书还可以帮助更多的孩子，于是这套书才得以与读者朋友们见面。

一、写作原则

知识选取

并不是所有的编程知识都适合孩子学习，也不是效果越酷炫的内容越值得孩子学习。本书不是一个"大而全"的手册或说明文档，而是选取了最必要的、最常使用的、应用场景多的、相对简单的知识点。知识点的数量不是最多的，但是学精学透，可以以一当十。

案例选取

针对同一个知识点，本书既会选取与生活息息相关的案例，也会选取天马行空的案例，是"魔幻现实主义"。这样既能让孩子了解编程原理在生活中的应用，也能启发孩子思考、激发孩子想象力，从而提高孩子的编程兴趣，提升学习效果。例如，讲解条件语句时我既会用到《哈尔的移动城堡》里任意门的案例，也会涉及自助售卖机的案例。

关注角度

除了让孩子能理解原理、读懂程序、编写程序，这套书也着力促进孩子观察与思考、拓展与迁移。讲解完知识要点及标准案例后，会启发孩子观察生活中应用新知识的地方，鼓励孩子去模拟和创造；也会在基本案例讲解完后启发孩子多思考、多改进、多优化现有的程序，以此达到学以致用的目的。

二、主要内容

这套书共四个分册：第一个分册是理论基础，其他三个分册是实践应用。三个应用方向分别为程序绘图、游戏设计、应用程序制作。学习第一个分册是学习其他三个分册的基础和前提。

《给孩子的极简 Python 编程书（基础篇）——编程与生活》

选取最常用和最易学的核心知识点，聚焦对 Python 编程基础知识的学习，让孩子真正学会。采用一些孩子在生活中常见的案例，也涉及一些充满想象力的虚构案例，让孩子产生浓厚的编程兴趣，能持续学习。同时也对编程知识背后的思想及生活中的应用场景进行拓展，引发孩子思考，学精学透、学以致用。

《给孩子的极简 Python 编程书（应用篇 1）——编程与绘图》

学习利用编程绘画。这个过程需要反复应用第一个分册中学到的基础知识，是夯实基础的过程。同时会学习绘图的相关代码知识，拓宽孩子的视野。除了讲解编程知识，也为孩子总结了程序绘画的基本要点和技巧，帮助孩子举一反三，实现自己创作。这个分册的内容也结合了很多数学知识，帮助孩子体会数学的魅力，提升跨学科应用的能力。

《给孩子的极简 Python 编程书（应用篇 2）——编程与游戏》

学习利用编程进行游戏设计。首先用最短的篇幅介绍了最核心、最必要的游戏设计的编程知识，然后由简到难地学习多个游戏案例。在练习与实践中进步。除了知识层面的讲解，还总结了游戏制作的通用模式，讲解设计游戏创新的简单方法，启发孩子思考，为孩子创作属于自己的游戏、发挥创意提供保障。

《给孩子的极简 Python 编程书（应用篇 3）——编程与应用》

在应用理论知识的基础上，学习带界面的、可用于学习和生活的应用程序的制作方法。这个分册教授孩子们最常用的核心知识点，总结制作带界面的应用程序的规律与技巧，按照由简到难的顺序进行设计，在实践中学习。关注创新方法的总结，让孩子举一反三。

三、使用方法

第一种方法：每个分册依次学习，先学第一个分册的基础知识，再任意选择应用方向：绘图、游戏、带界面的应用程序，三个应用方向没有先后顺序。

第二种方法：整套书穿插使用，第一个册的基础知识会与其他三个分册有对应关系，学到某个阶段的基础就可以跳到感兴趣的应用方向（选择部分应用方向或所有应用方向）进行深入学习。

写作是一件极其耗费心力的工作。我很庆幸妻子廖世容成为本书的共同作者，有近一半的案例及文字都是由她创作完成的。此生得此家庭中的好妻子、工作上的好伙伴，幸甚。

本书从构思到出版历时近一年半的时间，期间编辑王佳宇老师与我保持着高频次的讨论沟通，大到整套书的定位和结构，小到标点符号的正确使用。编辑真是一项伟大的、辛苦的工作。可以说王老师的付出让这套书的质量上了好几个台阶，感谢。

一石匠人

目 录

Contents

第一章 游戏世界的"创世纪"—— pygamezero 游戏设计
基础（上） /1

第二章 游戏世界的"创世纪"—— pygamezero 游戏设计
基础（下） /19

第三章 拯救 UFO /30

第四章 弹球大作战 /38

第五章 勇闯冒险岛 /49

第六章 极限挑战 /61

第七章 飞机大战 /72

第八章 欢乐打字游戏 /82

第九章 迷宫探险 /94

第十章 坦克大战 /106

| 第一章 |

游戏世界的"创世纪"——pygamezero 游戏设计基础(上)

重点知识

1. 掌握创建画布的方法
2. 学习添加角色的方法
3. 掌握角色移动的方法
4. 了解键盘事件的使用方法
5. 熟悉角色碰撞的方法

你好！欢迎来到游戏世界。在西方传说中，上帝创造了世界，那个阶段被称为"创世纪"。今天你也可以从无到有地创造一个属于自己的游戏世界，你就是这个游戏世界的"上帝"！准备好了吗？来开启你的"创世纪"之旅吧！

1.1　安装游戏库

Python 中有一个专门做游戏的库 —— pygamezero，我们先来安装它。

在键盘上同时按 Windows 键和 R 键，就会出现一个如图 1.1 所示的运行弹窗。在输入框中输入 cmd，然后点击确定按钮。

图 1.1　运行弹窗

如图 1.2 所示，点击确定按钮之后就会弹出命令提示符窗口。在命令提示符窗口里面输入 pip install pgzero 这行代码，然后按回车键，我们就开始安装这个库了。

图 1.2　命令提示符窗口

安装完毕后，在 Python 运行环境中输入导库代码：from pgzrun import *，如果运行没有报错，就说明第一步准备工作已经做好啦！

1.2　开拓土地 —— 设置画布

所有游戏都要有画布（或称为屏幕、舞台），这就和想要建造一座城市先要有一块土地一样。怎么完成这个过程呢? 两行代码就能完成。第一行代码用来引入 pygamezero 库, 注意这里的库名是 pgzrun。第二行代码是 go() 语句。是不是感觉 go() 语句很有动感呢? 就像跑步比赛中运动员做好准备姿势后, 裁判员发出的"跑!"的命令。不管有多少行代码, go() 语句都要放在最后一行, 代码如下。

```
from pgzrun import *
go()
```

运行代码, 如图 1.3 所示, 能看到我们已经将一块黑色的空画布创建好了。

图 1.3 创建画布

其实利用上面两行代码, 我们已经建成了一个游戏程序, 只不过现在这个游戏程序除了画布什么都没有。

如果我们想让画布变大或变小, 要怎么做呢? 因为有的游戏界面大, 有的游戏界面小。在程序中用 WIDTH 和 HEIGHT 设置画布的宽和高就可以了, 代码如下。

```
from pgzrun import *
WIDTH = 300
HEIGHT = 100
go()
```

上面的代码设置了一块宽为 300，高为 100 的画布，运行代码，如图 1.4 所示。

图 1.4　300*100 的画布

我们能不能改变画布的颜色呢？当然可以。用语句 screen.fill("yellow") 就可以把画布填充为黄色，是不是与上一册书中 turtle 绘图的填充颜色语句有点儿像？ screen 代表屏幕，不能变为其他单词。括号里的参数既可以是代表颜色的单词，也可以是代表颜色的 RGB 数值。也就是说通过语句 screen.fill((255, 255, 0)) 同样可以把画布填充为黄色。

和 turtle 绘图不同的是，这行为画布填充颜色的代码必须放在一个函数 draw() 里。因为最后一行 go() 语句会反复自动地调用 draw() 函数，所以我们不必自己写调用 draw() 函数的语句，将画布填充为黄色的完整代码如下。

```python
from pgzrun import *
WIDTH = 300
HEIGHT = 100


def draw():
    screen.fill("yellow")


go()
```

颜色参数用 RGB 数值表示，效果也是一样的，代码如下。

```python
from pgzrun import *
WIDTH = 300
HEIGHT = 100
```

```
def draw():
    screen.fill((255, 255, 0))


go()
```

运行代码,如图 1.5 所示,我们得到了一块背景颜色为黄色的画布。当然现在你是游戏世界的"上帝",可以根据自己的喜好随意设计。

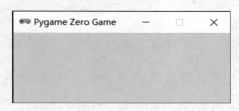

图 1.5 黄色的画布

现在游戏程序除了画布什么都没有,下面我们来添加一个游戏角色。

1.3 英雄出现 —— 添加角色

游戏程序一般都有一个代表玩家的角色,我们一般要创建英雄(hero)角色。要如何创建一个英雄角色呢? 首先要有一张图片。在 pygamezero 程序中,所有的图片都要放在一个名为 images 的文件夹里,images 文件夹要与存放程序的 .py 文件在同一个文件夹内,这样程序才能找到图片。例如,如图 1.6 所示,我们把两张图片 hero1.png 和 hero2.png 放在了 images 文件夹里。

图 1.6 images 文件夹

准备好图片后，下面就来创建并显示角色。为游戏添加角色分为两个步骤：创建角色和显示角色。

通过代码 hero = Actor("hero1", (150, 150)) 可以创建一个角色，存在变量 hero 里。括号里有两个参数，第一个参数 hero1 代表图片名称，这里图片的格式是可以省略的，写为 "hero1.png" 或 "hero1" 都可以，但要保证这张图片在文件夹 images 里。第二个参数代表这张图片中心点的坐标，这里的 (150,150) 代表图片中心点的位置坐标。

```
hero = Actor("hero1", (150, 150))
```

角色创建好后，还需要将角色在画布上绘制出来，这样角色才能被我们看到。在 draw() 函数里添加一行角色绘制语句 hero.draw()，绘制角色的语句一定要放在填充画布颜色语句的后面，因为 draw() 函数是按照代码顺序进行绘制的，如果最后绘制画布，画布会遮盖之前绘制的角色，添加角色的完整代码如下。

```
from pgzrun import *
WIDTH = 300
HEIGHT = 300
hero = Actor("hero1", (150, 150))

def draw():
    screen.fill("yellow")
    hero.draw()

go()
```

运行代码，如图 1.7 所示，我们游戏中的英雄角色已经显示在画布中了。由于我们将画布的尺寸设置为高 300、宽 300，角色的中心点的坐标设置为（150,150），所以这个英雄角色出现在了画布的正中心。

图 1.7　英雄角色 1

我们也可以通过改变 Actor() 语句中第一个参数来创建其他角色。images 文件夹里还有图片 hero2.png，我们可以把创建角色的语句修改一下，代码如下。

```
hero = Actor("hero2", (150, 150))
```

运行代码，结果如图 1.8 所示。

图 1.8　英雄角色 2

1.4　满地宝石 —— 添加更多角色

现在的游戏世界就只有英雄角色一个人，空荡荡的。我们想让游戏世界有满地宝石！要怎么创建宝石角色呢？首先把宝石图片放到 images 文件夹里，然后再创建角色。

在 pygamezero 中，游戏中出现的所有图片都要变为角色才能显示。

我们用和创建英雄（hero）角色一样的方法来创建宝石（gemstone）角色，并用 draw() 把它绘制出来，代码如下。

```
from pgzrun import *
WIDTH = 300
HEIGHT = 300
hero = Actor("hero1", (150, 150))
gemstone = Actor("gemstone1", (260, 260))


def draw():
    screen.fill("yellow")
    hero.draw()
    gemstone.draw()


go()
```

运行代码，如图 1.9 所示，我们的画布上多了一颗宝石。

图 1.9　绘制一颗宝石

现在第一颗宝石已经显示在画布上了，我们要怎么创建更多的宝石角色呢？用同样的方法多次重复就可以了。为了方便，我们一般用列表管理同类的多个角色对象。在创建的时候，把角色都添加到列表里。再通过遍历列表，将多个角色显示出来。

为了让宝石散布在画布不同的位置，我们可以用随机数来设置坐标，代码如下。先创建一个用来存储宝石角色的空列表 gemstone_list[]，再通过 for 循环语句创建 10 颗宝石，通过 append() 函数将新创建的宝石角色添加进列表，代码如下。

```
from random import *
from pgzrun import *
......
gemstone_list = []
for i in range(10):
    x = randint(0, 300)
    y = randint(0, 300)
    gemstone = Actor("gemstone1",(x,y))
                            # 注意此处坐标使用变量 x, y
    gemstone_list.append(gemstone)
......
```

在绘制多颗宝石的时候，也需要将其放在 draw() 函数下面，同时需要遍历列表，代码如下。

```
def draw():
    screen.fill("yellow")
    hero.draw()
    for g in gemstone_list:
        g.draw()
```

运行代码，结果如图 1.10 所示。

图 1.10 绘制多颗宝石

现在只有一种宝石，我们可以设置多个种类的宝石角色吗？当然可以，images 文件夹里有五种宝石图片，我们通过随机数就可以设置不同种类的宝石角色。

代码如下，我们先将五个宝石图片的名字存到列表 gemstone_image_list[] 里面。再在创建角色时通过 random 库的 choice() 函数从列表中随机选择图片名称，并存在变量 pic 里面。这样在用 Actor() 创建宝石角色的时候就会随机出现不同种类的宝石了。

```
gemstone_image_list = ["gemstone1", "gemstone2",
                "gemstone3", "gemstone4", "gemstone5"]
......
for i in range(10):
    ......
    pic = choice(gemstone_image_list)
    gemstone = Actor(pic, (x, y))
    gemstone_list.append(gemstone)
```

运行代码，结果如图 1.11 所示。

图 1.11　绘制不同种类的宝石

刚刚我们说过 pygamezero 里所有的图片都要设置成角色。假如我们想再设置一个图片背景呢？答案是一样的，也要将其设置成角色。背景图片也要提前放到 images 文件夹里。

由于设置了图片背景，原来的填充画布颜色的语句 screen.fill("yellow") 就可以删除了。因为背景图片是显示在其他角色的后面的，即背景图片会被其他角色遮盖，所以在 draw() 函数里设置背景图片的语句要放在最前面，最先绘制，代码如下。

```
bg = Actor("bg")
......
def draw():
    # screen.fill("yellow")
bg.draw()
......
```

运行代码，结果如图 1.12 所示。

图 1.12 更换为图片背景

1.5 巡视新世界 —— 角色移动

我们创建了一个有满地宝石的游戏世界，要是不能让英雄角色到处巡视一下，就太可惜了。现在的游戏世界是静止的，我们要如何让英雄角色移动呢？

角色在什么位置是由坐标决定的，让角色动起来其实就是改变角色的坐标，连续改变坐标就会改变角色的位置。

那么问题来了，pygamezero 里的坐标分布有什么规律吗？当然有，我们需要了解一下 pygamezero 里的坐标系。画布左上角为坐标原点，横纵坐标都为 0。横坐标越向右其数值越大，越向左其数值越小，画布左侧看不到的位置的横坐标为负数。纵坐标越向下其数值越大，越向上其数值越小，同样地，画布上方看不到的位置的纵坐标为负数。坐标系如图 1.13 所示。

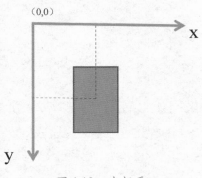

图 1.13　坐标系

我们可以通过"角色名 .x"的方式获得角色的横坐标，通过"角色名 .y"的方式获得角色的纵坐标。可以通过下面的代码输出英雄角色当前的坐标。

```
print(hero.x)
print(hero.y)
```

改变坐标的方法也很简单，只需要再次赋值就可以了。可以把英雄角色的坐标设置为 (100，100)，代码如下。

```
hero.x = 100
hero.y = 100
```

同样地，我们可以让英雄角色的横坐标增加 100，代码如下。

```
hero.x += 100
```

我们如何让角色持续移动呢？其实 pygamezero 里有 update() 函数，

与 draw() 函数一样，也会持续不断地被 go() 语句调用。所以我们一般把要控制数据持续变化的代码放到 update() 函数里，代码如下。

```
def update():
    hero.x += 5
```

运行代码，我们就可以看到英雄角色向右移动，最后冲出画布再也没回来。为什么会出现这种情况？因为图片的横坐标持续变大导致英雄角色一直向右移动，即使到了坐标很大、我们看不到的地方，英雄角色也没停下来。所以我们可以设置一个条件语句，当英雄角色移动到画布外一段距离时，就可以让它回到画布的最左侧，代码如下。

```
def update():
    hero.x += 5
    if hero.x > 400:
        hero.x = -100
```

运行代码，我们会发现英雄角色在画布中反复地从左向右移动。

1.6 我说了算 —— 键盘控制

英雄角色能移动了，可是它不听我们的命令，游戏世界中我们要自己说了算。我们玩计算机游戏的时候可以用键盘控制英雄角色移动，下面我们也来实现用键盘控制英雄角色吧！

因为计算机要持续检测我们有没有按下键盘上的按键，这个过程可以在 update() 中完成。通过"keyboar. 简名"语句就可以检测是否按下键盘上的按键了。

想实现当按下键盘上的"→"键时，让英雄角色的横坐标增加 5，也就是向右移动 5，代码如下。

```
def update():
    if keyboard.right:
        hero.x +=5
```

同样地，我们可以检测键盘上的上、下、左、右四个方向的按键，实现按下方向按键控制英雄角色上下左右移动的功能，代码如下。

```
def update():
    if keyboard.right:
        hero.x += 5
    elif keyboard.left:
        hero.x -= 5
    elif keyboard.down:
        hero.y += 5
    elif keyboard.up:
        hero.y -= 5
```

如果想要检测我们是否按下字母键，可以通过"keyboard. 字母"语句进行检测；如果想要检测我们是否按下数字键，可以通过"keyboard.k_ 数字"语句进行检测，代码如下。

```
def update():
    if keyboard.k_2:
        print(" 按下了数字键 2")
    elif keyboard.a:
        print(" 按下了字母键 a")
```

利用键盘进行控制一般称为"键盘事件"，除了前面学习的在 update() 里设置的方法，还可以通过 on_key_down() 或 on_key_up() 函数实现。on_key_down() 用来控制在按下按键那一刻发生的事情，on_key_up() 用来控制在按下按键后抬起那一刻发生的事情。例如，我们模拟地雷爆炸的效果，在按下的一刻不爆炸，抬起时才爆炸，这就会用到我们的新方法，在一些按住按键蓄力的游戏中也会用到新方法。

而且用新方法也可以不指定特定按键，可以用来检查所有按键，即按下键盘上某个按键后会触发设置好的代码。例如，按下任何按键都会输出"按住我了，快松开！"，抬起按键那一刻输出"松开了，算你聪明！"，代码如下。

```
def on_key_down():
    print(" 按住我了，快松开！ ")


def on_key_up():
    print(" 松开了，算你聪明！ ")
```

在新方法中，检查具体某一按键是否被按下也用"keyboard. 键名"语句。例如，新方法也可以实现通过按下方向按键控制英雄角色上下左右移动的功能，代码如下。

```
def on_key_down():
    if keyboard.right:
        hero.x += 5
    elif keyboard.left:
        hero.x -= 5
    elif keyboard.down:
        hero.y += 5
    elif keyboard.up:
        hero.y -= 5
```

虽然前面讲的两种方法都能实现通过按下方向按键控制英雄角色上下左右移动，但还是有一些区别的。当用 update() 实现时，按住方向按键，英雄角色会一直移动，我们松开方向按键后英雄角色才会停止移动。而用 on_key_down() 实现时，按住方向按键只会移动一次，要想让英雄角色多次移动，只能多次按下按键再松开。

1.7 不要装没看见 —— 碰撞检测

我们终于可以用键盘控制英雄角色四处巡查我们创造的游戏世界了。可是英雄角色对宝石视而不见，我们要如何做才能让英雄角色一见到宝石就捡起来呢？

要捡起宝石首先要能让程序发现英雄角色和宝石角色碰到了，这就涉及马上要学习的"碰撞检测"。

通过语句"角色 A.colliderect(角色 B)"结合条件判断的方法，就可以检测角色 A 与角色 B 是否发生了碰撞，也就是两个角色接触到了。

如果我们已经通过 Actor() 语句创建了两个角色 hero 和 gemstone，接下来就可以检测两个角色是否发生了碰撞，如果发生碰撞了就会执行输出语句，代码如下。

```
if hero.colliderect(gemstone):
    print(" 碰到钻石了 ")
```

需要说明两点：一是语句"角色 A.colliderect(角色 B)"与语句"角色 B.colliderect(角色 A)"的检测效果是一样的，两个角色谁放在前面都是一样的；二是图片都是矩形的，即使有的图片的背景是透明的，但也是矩形的。所以如果你发现角色间看起来没碰到却被检测出碰撞了，很可能是透明背景碰撞了，可以通过减少透明背景的尺寸来处理这类问题。

如果是一个角色和很多个角色的碰撞检测，要怎么处理呢？就像我们要检测英雄角色和所有的宝石角色是否碰撞一样，我们可以遍历列表，然后依次检查每个宝石角色是否和英雄角色发生了碰撞，代码如下。

```
for g in gemstone_list:
    if hero.colliderect(g):
        gemstone_list.remove(g)
        print(" 捡到了一颗宝石 ")
```

在上面代码中，为了实现捡起来的效果，当英雄角色和宝石角色发生了碰撞，会通过列表的 remove() 语句将碰撞到的宝石角色在列表中删除，同时通过 print() 语句输出"捡到了一颗宝石"。

我们创建的游戏世界已初见规模，到目前为止，完整的代码如下。

```python
from random import *
from pgzrun import *
WIDTH = 300
HEIGHT = 300
bg = Actor("bg")
hero = Actor("hero1", (150, 150))
gemstone_image_list = ["gemstone1", "gemstone2",
                "gemstone3", "gemstone4", "gemstone5"]
gemstone_list = []
for i in range(10):
    x = randint(0, 300)
    y = randint(0, 300)
    pic = choice(gemstone_image_list)
    gemstone = Actor(pic, (x, y))
    gemstone_list.append(gemstone)

def draw():
    bg.draw()
    hero.draw()
    for g in gemstone_list:
        g.draw()

def update():
    if keyboard.right:
        hero.x += 5
    elif keyboard.left:
        hero.x -= 5
    elif keyboard.down:
```

```
        hero.y += 5
    elif keyboard.up:
        hero.y -= 5


    for g in gemstone_list:
        if hero.colliderect(g):
            gemstone_list.remove(g)
            print(" 捡到了一颗宝石 ")


go()
```

　　你太厉害了！在这么短的时间内就创造了一个游戏世界。如果愿意，你可以把这个游戏世界的面积变得更大，成员角色的种类和数量变得更多，让所有成员角色都动起来，用键盘上不同的按键控制不同角色或实现同一角色的不同功能……

| 第二章 |

游戏世界的 "创世纪" ——
pygamezero 游戏设计基础（下）

做游戏世界中的 "上帝" 是不是很开心？可是我们创造的游戏世界还不是完美的，现在我们来继续完善它吧！

2.1 "上帝" 累了 —— 定时器的使用

作为游戏世界的 "上帝"，创造了角色我们当然非常开心，但是也很累呀。如果有能够帮我们自动完成任务的代码就好啦！哈哈，事实上，不但有这样的代码，而且还很简单，这样的代码就是定时器。

要使用定时器，我们需要先将想要实现的功能封装成一个函数，这里的函数名不是固定的。然后再让定时器语句调用这个自定义的函数。

有两种定时器，一种是每隔一段时间都会调用自定义函数的连续定时器 clock.schedule_interval()；一种是每隔一段时间只调用一次的一次性定时器 clock.schedule_unique()。

我们可以先将创建宝石角色的语句封装成一个函数 creat_gemstone()，代码如下。

```
def creat_gemstone():
    x = randint(0, 300)
    y = randint(0, 300)
    pic = choice(gemstone_image_list)
    gemstone = Actor(pic, (x, y))
    gemstone_list.append(gemstone)
```

下面用连续定时器调用它，这里有两个参数：第一个参数为要调用的函数名，函数名后面不用加括号；第二个参数是间隔的时间，单位是秒。下面的代码就是每间隔 1 秒连续调用函数 creat_gemstone()，代码如下。

```
clock.schedule_interval(creat_gemstone, 1)
```

如果我们只需要过一段时间调用一次定时器，就要用到语句 clock.schedule_unique()。它同语句 clock.schedule_interval() 一样，也有两个参数，分别代表调用的函数名和间隔的时间，代码如下。

```
clock.schedule_unique(creat_gemstone, 3)
```

如果在一些情形下我们不再需要定时器，想取消怎么办？语句 clock.unschedule() 就能解决问题，这个方法对上面两种定时器都有效。括号里只有一个参数，就是要取消调用的函数名，代码如下。

```
clock.unschedule(creat_gemstone)
```

通过上面的代码，我们已经可以让程序每隔 1 秒就创建一个宝石角色了，真是太棒了！

2.2　让游戏世界热闹起来 —— 添加声音

现在我们的游戏世界太安静了，要怎么加声音呢？我们平时玩的游戏既有背景声音，又有各种音效，自己的游戏要如何加上声音呢？别急。我们先把声音文件放在一个特定的文件夹 sounds 里（图片也要放在固定的文件夹 images 里）。然后通过 sounds. 文件名 .play() 语句就能播放声音啦！这里要注意这个方法目前只支持 .wav 和 .ogg 两种格式的声音文件，其他格式的声音文件要转化成这两种格式才可以在程序中播放。

例如，sounds 文件夹里有个名为"bg_music.wav"的声音文件，我们可以通过下面的代码播放声音文件。

```
sounds.bg_music.play()
```

但是我们会发现，这个声音文件只播放了一次就停止了，如果是游戏的背景音乐，我们需要一直循环播放才可以。这时候就可以在 sounds.bg_music.play() 的括号里增加一个代表播放次数的数字参数。如果设置为 -1，就可以让声音循环播放。所以一般播放背景音乐要把参数设置为 -1，代码如下。

```
sounds.bg_music.play(-1)
```

使用同样的方法，我们可以为游戏增加各种各样的音效。

2.3　创造一个得力助手 —— 鼠标事件

如果可以通过键盘控制游戏，那肯定也可以通过鼠标控制游戏。

下面我们学习用鼠标控制游戏的代码。共有三个鼠标事件：鼠标按下事件 on_mouse_down()、鼠标抬起事件 on_mouse_up() 和鼠标移动事件 on_mouse_move()。我们可以检测发生鼠标事件时光标所在位置的坐标，也可以检测我们按了鼠标上的哪个按键（左、中、右共三个键）。

例如，我们可以用下面最简单的方式使用鼠标事件，不需要使用参数，代码如下。

```python
# 鼠标按下检测
def on_mouse_down():
    print(" 按下了鼠标 ")
# 鼠标抬起检测
def on_mouse_up():
    print(" 松开了鼠标 ")
# 鼠标移动检测
def on_mouse_move():
    print(" 移动了鼠标 ")
```

如果我们想获得触发鼠标事件（包括按下、抬起或移动）时光标所在的位置，需要添加参数 pos。如果想获得按下的是哪个键，需要添加参数 button。这里的 pos 是一个由横坐标（x 坐标）和纵坐标（y 坐标）组成的元组（类似列表，多个元素用小括号括起来，与列表不同的是元素不能改变），我们可以通过 pos[0]、pos[1] 分别获得画布上的光标位置的横坐标和纵坐标，代码如下。

```python
def on_mouse_down(pos, button):
    print(" 按下了鼠标哪个键：", button)
    print(" 当前位置坐标：", pos)
    print(" 当前位置 x 坐标：", pos[0])
    print(" 当前位置 y 坐标：", pos[1])
```

运行代码，输出的结果如图 2.1 所示。

```
pygame 2.1.2 (SDL 2.0.18, Python 3.10.4)
Hello from the pygame community. https://www.pygame.org/contribute.html
按下了鼠标哪个键：  mouse.LEFT
当前位置坐标：  (69, 106)
当前位置x坐标：  69
当前位置y坐标：  106
```

图 2.1　鼠标事件

　　下面我们来完成一件更厉害的事情。在之前的游戏世界里只有一个英雄角色在捡宝石，太孤独了。我们来创造一个能够跟随鼠标移动的宠物角色，它也能帮我们收集宝石。要如何做呢？

　　第一步，创建并显示角色，代码如下。

```
pet = Actor("pet", (150, 150))
......
def draw():
......
pet.draw()
......
```

　　第二步，让宠物角色pet能够跟随鼠标移动。其实就是将宠物角色pet的坐标设置成鼠标事件获得的pos。这里有两种方式，一种方式是分别设置横坐标和纵坐标，代码如下。

```
def on_mouse_move(pos):
    pet.x = pos[0]
    pet.y = pos[1]
```

　　另一种方式是直接用角色的pos属性进行设置。其实每个角色除了横坐标和纵坐标属性，还有一个pos属性。pos属性就是角色的横坐标和纵坐标。其实角色还有很多其他的属性，后面我们会慢慢揭秘。用第二种方式实现鼠标跟随就更简单了，代码如下。

```
def on_mouse_move(pos):
    pet.pos = pos
```

　　第三步，让宠物角色帮我们收集宝石，也就是检测宠物角色pet

23

与各个宝石角色的碰撞情况。这个功能更简单，只需要在碰撞检查条件的地方增加半行代码 or pet.colliderect(g)，这里的核心代码如下。

```
def update():
......
    for g in gemstone_list:
        if hero.colliderect(g) or pet.colliderect(g):
            gemstone_list.remove(g)
            print(" 捡到了一颗宝石 ")
```

截止到现在，我们拥有了一个能够跟随鼠标移动的宠物角色，同时这个宠物角色能够帮我们收集宝石，是不是很酷？

2.4　文明进步 —— 显示文字

文字的出现表明人类文明取得了巨大的进步。在我们游戏应用中，文字元素不可或缺。在玩法说明、分数显示、剧情提示、游戏结果等部分都有文字元素。在 pygamezero 中，显示文字只需要一行代码 screen.draw.text()。括号里有两个必备参数，第一个参数是要显示的文字，第二个参数是文字显示的位置。这行代码要放在 draw() 函数里。例如，下面的代码就可以实现在画布上显示 "happy！"。

```
def draw():
    screen.draw.text("happy!", (0, 0))
```

如果我们想要显示中文文字，就需要建一个名为 fonts 的文件夹，并把 .ttf 格式的字体文件放在文件夹里，然后在 screen.draw.text() 的括号里增加一个代表字体名字的参数 fontname。可以正常显示中文文字的代码如下。

```
screen.draw.text(" 你好 !", (0, 0), fontname="simhei")
```

如果想用特定的字体显示文字，也可以用上面的代码完成。如果想改变字体的字号，要怎么办？加参数 fontsize。如果想改变字体的颜色，要怎么办？加参数 color。例如，显示字号为 20、颜色为红色的文字的代码如下。

```
screen.draw.text(" 你好！", (0, 0), fontname="simhei",
fontsize=50, color="red")
```

如果我们捡到一颗宝石，就得 1 分。如果想让分数显示在画布的右上角，该如何操作呢？首先要设置一个分数变量 score，最开始为 0 分。英雄角色或宠物角色碰到宝石时就加 1 分，最后把这个分数显示在画布的右上角。

第一步，设置分数变量，代码如下。

```
score = 0
```

第二步，在画布的右上角显示分数，代码如下。

```
def draw():
    screen.draw.text("score:"+str(score), (200, 10),
color="orange")
```

第三步，更新分数，代码如下。

```
def update():
    for g in gemstone_list:
        if hero.colliderect(g) or pet.colliderect(g):
            gemstone_list.remove(g)
            print(" 捡到了一颗宝石 ")
            score += 1
```

这个游戏的完整代码如下。

```
from random import *
from pgzrun import *
```

```python
WIDTH = 300
HEIGHT = 300
score = 0
sounds.bg_music.play(-1)
bg = Actor("bg")
hero = Actor("hero1", (150, 150))
pet = Actor("pet", (150, 150))
gemstone_image_list = ["gemstone1", "gemstone2",
                "gemstone3", "gemstone4", "gemstone5"]
gemstone_list = []


def creat_gemstone():
    x = randint(0, 300)
    y = randint(0, 300)
    pic = choice(gemstone_image_list)
    gemstone = Actor(pic, (x, y))
    gemstone_list.append(gemstone)


def draw():
    bg.draw()
    hero.draw()
    pet.draw()
    for g in gemstone_list:
        g.draw()
    screen.draw.text("score:"+str(score), (200, 10),
color="orange")


def on_mouse_move(pos):
    pet.pos = pos


def update():
    global score
```

```
        if keyboard.right:
            hero.x += 5
            music.play_once("a")
        elif keyboard.left:
            hero.x -= 5
        elif keyboard.down:
            hero.y += 5
        elif keyboard.up:
            hero.y -= 5


        for g in gemstone_list:
            if hero.colliderect(g) or pet.colliderect(g):
                gemstone_list.remove(g)
                print(" 捡到了一颗宝石 ")
                score += 1

    clock.schedule_interval(creat_gemstone, 1)


go()
```

2.5 "上帝"的积木 —— 制作游戏的知识 要点总结

　　我们来总结一下,用Python制作游戏的要点。就像"上帝"的积木一样,以后无论我们创造什么样的游戏世界,都需要运用这些最基础的知识点,如图 2.2 所示。

　　回顾一下前两章讲解的内容,一个游戏主要由画布、角色、互动和辅助功能四部分组成。

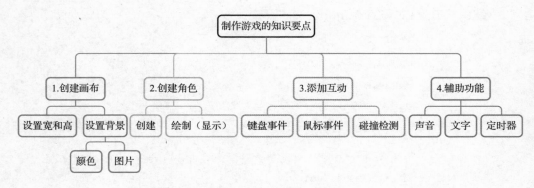

图 2.2　制作游戏的知识要点

第一部分：创建画布。我们可以设置画布的宽、高和背景。如果想用图片当作背景，就需要创建图片角色。

第二部分：创建角色。分为创建和绘制两步，可以设置角色的属性和运动。游戏中所有的图片元素都要设计成角色才能正常使用，多个同类角色一般借助列表进行管理。

第三部分：添加互动。这里主要指鼠标事件、键盘事件和碰撞检测。鼠标事件包括按下、抬起和移动三种，可以获得鼠标的按键和画布上光标的位置坐标。键盘事件包括按下、抬起两种，可以检测按键。键盘事件既可以用 on_key_down() 等函数实现，也可以用 update() 函数直接实现。

第四部分：辅助功能。包括添加声音、显示文字、设置定时器等。

需要注意文件的存储位置。有三个专门的文件夹，images 文件夹用来存储图片，sounds 文件夹用来存储声音，fonts 文件夹用来存储字体文件。

我们可以总结一下一个游戏最小的框架，代码如下。

```python
from pgzrun import *
WIDTH = 300
HEIGHT = 300
hero = Actor("hero1", (150, 150))


def draw():
    hero.draw()
```

```
def update():
    if keyboard.right:
        hero.x += 5
go()
```

　　我们的第一个小游戏已经完成了！恭喜你！当"上帝"很有趣，也有点儿难，对不对？但你已经掌握了制作所有游戏最基本的语句了，这两章学习的内容后面会反复使用的。如果在后面章节的学习中遇到问题，可以到这里来找方法哦！

| 第三章 |

拯救 UFO

重点知识

1. 掌握在游戏中创建并管理多个角色的方法
2. 学习一个角色与多个角色碰撞检测的方法

很多 UFO 要来地球"做客"，可是到达地球时系统出现故障，UFO 无法平稳降落。地球人派出机器人来接住从天上掉下的 UFO。这一章我们就来制作《拯救 UFO》的小游戏。

3.1 准备降落场地 —— 设置画布

我们先来准备好 UFO 的降落场地，也就是设置画布。首先导入库，通过 WIDTH、HEIGHT 设置好画布的宽和高，并在 draw() 函数里通过语句 screen.fill("SteelBlue1") 将画布填充为天蓝色，代码如下。

```
from pgzrun import *
WIDTH = 600
HEIGHT = 500

def draw():
screen.fill("SteelBlue1")

go()
```

运行代码，如图 3.1 所示，我们能看到天蓝色的画布了。

图 3.1　天蓝色的画布

3.2　救援机器人出场 —— 创建并管理英雄角色

首先需要我们把英雄角色的图片放到 images 文件夹里，通过 Actor()
创建英雄角色，并在 draw() 函数里将其绘制到画布上，代码如下。

```
from pgzrun import *
WIDTH = 600
HEIGHT = 500
hero = Actor("hero", (300, 360))
```

```
def draw():
    screen.fill("SteelBlue1")
    hero.draw()


go()
```

运行代码，如图 3.2 所示，英雄角色机器人已经出现在画布上啦！

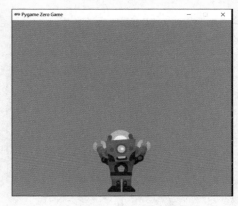

图 3.2　英雄角色机器人

　　我们不知道 UFO 是从什么地方降落的，所以需要用键盘控制英雄角色的左右移动。我们用一个变量 speed_hero 来存储英雄角色的移动速度。在 update() 函数里进行键盘检测，当按下键盘上的 "←" 键时，英雄角色的横坐标减少，实现向左移动；当按下键盘上的 "→" 键时，英雄角色的横坐标增加，实现向右移动，代码如下。

```
speed_hero = 5
......
def update():
    global speed_hero
    if keyboard.left:
        hero.x -= speed_hero
    elif keyboard.right:
        hero.x += speed_hero
```

通过上面的代码，我们已经可以实现通过键盘来控制英雄角色的左右移动了。如果你愿意，也可以用类似的方法让英雄角色实现上下移动哦。

3.3 UFO 出现 —— 创建并管理多个角色

英雄角色已经准备好救援了。下面让 UFO 角色登场吧！创建 UFO 角色也需要先把图片放在 images 文件夹里。由于需要创建多个 UFO 角色，所以我们用一个列表来存储。为了增加游戏的挑战性，我们将 UFO 角色的初始位置设置为随机数，代码如下。

```
ufos = []
def creat_ufo():
    x = randint(0, 600)
    y = randint(-50, 0)
    ufo = Actor("ufo1", (x, y))
    ufos.append(ufo)
```

将创建 UFO 角色的代码封装成一个函数，什么时候调用它呢？我们可以增加一个定时器，每隔 0.5 秒自动调用这个函数，从而生成一个 UFO 角色，代码如下。

```
clock.schedule_interval(creat_ufo, 0.5)
```

UFO 角色创建好了，下一步就需要把它们绘制到画布上。由于 UFO 角色存在于列表 ufos 里，所以我们在 draw() 函数里遍历列表，依次绘制每个 UFO 角色，代码如下。

```
def draw():
    for u in ufos:
        u.draw()
```

运行程序，我们发现 UFO 角色会慢慢增多，但是不会移动，所以我们要在 update() 函数里，通过增加 UFO 角色的纵坐标来实现让它们下降。当一个 UFO 角色下降到画布最下方时，我们就从列表中删除这个角色。在这里我们也用到了遍历列表，同时我们将 UFO 角色的移动速度存到了变量 speed_ufo 里，代码如下。

```python
speed_ufo = 5
def update():
    global speed_hero, speed_ufo
    for e in ufos:
        e.y += speed_ufo
        if e.y >= HEIGHT:
            ufos.remove(e)
```

运行代码，终于有了一点儿游戏的模样了。要是 UFO 角色的种类多一些就更好了！我们把多个 UFO 图片放进 images 文件夹，在创建角色时，借助随机数就很容易实现啦！

首先将图片名称存在一个列表 ufo_img_list 里，代码如下。

```python
ufo_img_list = ["ufo1", "ufo2", "ufo3", "ufo4", "ufo5"]
```

在创建 UFO 角色时，随机选择一张图片，代码如下。

```python
def creat_ufo():
    x = randint(0, 600)
    y = randint(-50, 0)
    img = choice(ufo_img_list)
    ufo = Actor(img, (x, y))
    ufos.append(ufo)
```

运行代码，如图 3.3 所示，效果看起来不错！

图 3.3　多个 UFO 角色

很多个 UFO 角色从天而降，我们可以控制英雄角色左右移动。但是当英雄角色碰到 UFO 角色时，程序没有反应，接下来我们就解决这个问题。

3.4　出手相救 —— 碰撞检测

英雄角色与 UFO 角色接触后，程序没有反应，其实是少了碰撞检测，我们通过 colliderect() 就能实现碰撞检测。遍历列表，检测每个 UFO 角色是否与英雄角色机器人碰撞了。如果碰撞就从列表中删除这个 UFO 角色，同时输出"太棒了，得 1 分！"，这代表英雄角色已经帮助 UFO 角色安全着陆。

由于我们要让程序一直检测是否发生碰撞，所以上述过程要放在 update() 函数里，代码如下。

```
def update():
    for u in ufos:
        if u.colliderect(hero):
            print("太棒了，得 1 分！")
            ufos.remove(u)
```

这个小游戏已经做完了，完整的代码如下。

```
from pgzrun import *
from random import *

WIDTH = 600
HEIGHT = 500
speed_hero = 5
speed_ufo = 5
hero = Actor("hero", (300, 360))
ufos = []
ufo_img_list = ["ufo1", "ufo2", "ufo3", "ufo4", "ufo5"]

def creat_ufo():
    x = randint(0, 600)
    y = randint(-50, 0)
    img = choice(ufo_img_list)
    ufo = Actor(img, (x, y))
    ufos.append(ufo)

def draw():
    screen.fill("SteelBlue1")
    hero.draw()
    for u in ufos:
        u.draw()

def update():
    global speed_hero, speed_ufo
    if keyboard.left:
        hero.x -= speed_hero
    elif keyboard.right:
        hero.x += speed_hero
    for u in ufos:
        u.y += speed_ufo
        if u.y >= HEIGHT:
            ufos.remove(u)
        if u.colliderect(hero):
            print("太棒了，得 1 分！")
```

```
        ufos.remove(u)

clock.schedule_interval(creat_ufo, 0.3)
go()
```

　　这个游戏只是基础版本，你可以尝试去完善这个游戏！例如，可以让分数显示在画布上，添加声音，甚至改变主题！思考一下如果你把UFO角色和英雄角色都替换成赛车，是不是就变成了一个躲避车辆的游戏啦？或者把UFO角色替换为危险的东西，是不是就变成躲避障碍的游戏啦？如果把UFO角色替换为红包，是不是又变成接红包的小游戏啦？这些是设计游戏的乐趣，掌握了方法，稍做改变就能设计出不一样的游戏。

| 第四章 |

弹球大作战

重点知识

1. 了解角色反弹的逻辑与实现方法
2. 掌握游戏结束的判断方法
3. 学习魔改游戏的思路和方法

这一章我们来实现一个《弹球大作战》小游戏。小球碰到画布的左右边缘或上边缘会被弹回，但碰到画布的下边缘就会结束游戏。我们要通过键盘控制一个挡板角色左右移动，让挡板把小球弹回去，接下来我们就开始制作吧。

4.1 准备画布

我们先来准备画布，将宽设置为 600，将高设置为 400，并用粉色填充画布，代码如下。

```
from pgzrun import *
WIDTH = 600
HEIGHT = 400


def draw():
    screen.fill("pink")


go()
```

运行代码，画布如图 4.1 所示，你还可以更改画布的尺寸或颜色。

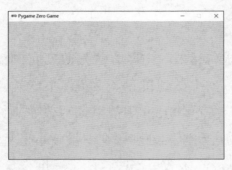

图 4.1　粉色画布

4.2 "四处碰壁"的小球

下面我们开始创建并显示小球角色，要确保小球图片已经在 images 文件夹里，之后我们就可以开始写代码了。

在代码中先通过 Actor() 创建小球角色 ball，初始位置为 (0,0)。并通过 draw() 函数将其绘制出来，代码如下。

```
ball = Actor("ball", (100, 100))


def draw():
    screen.fill("pink")
    ball.draw()
```

39

运行代码，如图 4.2 所示，小球角色出现了。

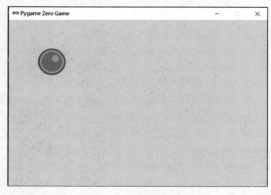

图 4.2　小球角色

下面我们让小球动起来。主要方法是改变它的横坐标和纵坐标。如果水平方向和竖直方向上的速度都不为 0，小球就会斜向运动。为了让小球持续运动，我们在 update() 函数里编写改变坐标的代码。小球在水平方向、竖直方向的运动速度分别存在变量 speed_x_ball 和 speed_y_ball 里。需要注意在 update() 函数里修改这两个速度变量前需要用 global() 函数将其设置为全局变量，代码如下。

```
speed_x_ball = 5
speed_y_ball = 5

def update():
    global speed_x_ball, speed_y_ball
    ball.x += speed_x_ball
    ball.y += speed_y_ball
```

运行代码，小球动起来啦，接下来我们让它碰壁反弹，变为一个真正的"弹球"。

当小球碰到画布的下边缘时，要怎么改变坐标才能实现反弹的效果呢？通过图 4.3，我们可以看出小球水平方向上的速度不变，但是竖直方向上的速度的方向变得完全相反了。小球碰到画布的上边缘也是相同的情况。

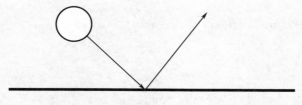

图 4.3　反弹示意图

所以我们在 update() 函数里进行持续判断，只要小球碰到画布的下边缘或上边缘，将竖直方向上的速度 speed_y_ball 变为相反数就可以了，代码如下。

```
def update():
    global speed_x_ball, speed_y_ball
    if ball.y < 0 or ball.y > HEIGHT:
        speed_y_ball = -speed_y_ball
```

同样的思考方式，当小球碰到画布的左右边缘时，竖直方向上的速度不变，水平方向上的速度 speed_x_ball 变为相反数，这样才能实现小球碰到画布的左边缘或右边缘后的反弹效果，代码如下。

```
def update():
    global speed_x_ball, speed_y_ball
    if ball.x < 0 or ball.x > WIDTH:
        speed_x_ball = -speed_x_ball
    elif ball.y < 0 or ball.y > HEIGHT:
        speed_y_ball = -speed_y_ball
```

如此一来，一个可以碰壁反弹的小球就做好了。

4.3　创建击球的挡板

下面我们来创建挡板。挡板也是一个角色对象，确认好图片后创建并绘制角色，代码如下。

```
block = Actor("block", (200, 300))
def draw():
    block.draw()
```

我们可以通过键盘上的左右方向键控制挡板角色左右移动。先设置挡板角色的移动速度 speed_block，并在 update() 函数里将其先设置为全局变量，然后再使用，代码如下。

```
speed_block = 5

def update():
    global speed_x_ball, speed_y_ball, speed_block
    if keyboard.left:
        block.x -= speed_block
    elif keyboard.right:
        block.x += speed_block
```

不能让挡板对小球视而不见！最后一步，我们让挡板和小球之间进行碰撞检测。小球碰到挡板和小球碰到画布的上下边缘的处理方式是一样的，都是水平方向的速度不变，竖直方向的速度变为相反数，代码如下。

```
def update():
    global speed_y_ball
    if block.colliderect(ball):
        speed_y_ball = -speed_y_ball
```

4.4　判断游戏结束

什么时候游戏结束呢？挡板没有接到小球，小球到了画布的下边缘，也就是当小球的纵坐标大于画布的高度时，我们把小球的移动速度和挡板的移动速度都设置为 0 并输出 "GAME OVER!"

需要注意的是，前面的代码中小球碰到画布的下边缘也会反弹，这里要删掉对应的代码。

```python
def update():
    global speed_x_ball, speed_y_ball, speed_block
    # 小球碰到画布边缘反弹
    if ball.x < 0 or ball.x > WIDTH:
        speed_x_ball = -speed_x_ball
    elif ball.y < 0:
        speed_y_ball = -speed_y_ball
    # 漏接小球，游戏结束
    if ball.y > HEIGHT:
        speed_x_ball = 0
        speed_y_ball = 0
        speed_block = 0
        print("GAME OVER!")
```

为了增加游戏的趣味性，我们可以用随机数设置小球水平方向和竖直方向的初始速度，这个小游戏的完整代码如下。

```python
from pgzrun import *
from random import *
WIDTH = 600
HEIGHT = 400
speed_block = 5
speed_x_ball = randint(-10, 10)
speed_y_ball = randint(-10, 10)
ball = Actor("ball", (100, 100))
block = Actor("block", (200, 300))

def draw():
    screen.fill("pink")
    ball.draw()
```

```
        block.draw()

def update():
    global speed_x_ball, speed_y_ball, speed_block
    # 小球移动
    ball.x += speed_x_ball
    ball.y += speed_y_ball
    # 小球碰到画布边缘反弹
    if ball.x < 0 or ball.x > WIDTH:
        speed_x_ball = -speed_x_ball
    elif ball.y < 0:
        speed_y_ball = -speed_y_ball
    # 控制击球挡板
    if keyboard.left:
        block.x -= speed_block
    elif keyboard.right:
        block.x += speed_block
    # 击中小球
    if block.colliderect(ball):
        speed_y_ball = -speed_y_ball
    # 漏接小球，游戏结束
    if ball.y > HEIGHT:
        speed_x_ball = 0
        speed_y_ball = 0
        speed_block = 0
        print("GAME OVER!")

go()
```

4.5 魔改游戏 ——《欢乐农场碰碰撞》

制作游戏最大的乐趣之一就是可以魔改游戏。现在我们把小球的图片换成农场动物的图片，想象一下，各种动物欢乐地跑，遇到墙壁就折返。我们利用一个挡板阻止它们向门外跑。所有的农场动物的图片如图 4.4 所示，只要替换上一节中小球的图片，我们就得到了一个新的游戏！

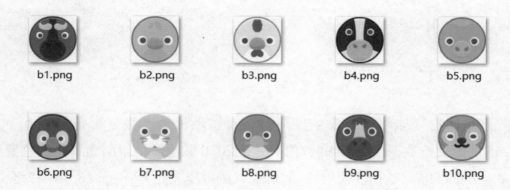

| b1.png | b2.png | b3.png | b4.png | b5.png |
| b6.png | b7.png | b8.png | b9.png | b10.png |

图 4.4 所有的农场动物图片

为了增加游戏的趣味性，当动物弹球与挡板碰撞之后我们就将图片替换为另外一种农场动物图片，同时更改画布的背景颜色。这两项改变都需要我们借助随机库来完成。

怎么让农场动物的图片随机改变呢？每个角色都有一个 image 属性，通过"角色名 .image= 图片名"语句可以更改角色的图片。将角色小球的图片变为农场动物图片 b2.png 的代码如下。

```
ball.image = "b2"
```

我们将所有的动物图片的名称存在列表 img_list 里，当挡板与动物弹球发生碰撞时，就随机选择一张农场动物图片，并改变角色的 image 属性。这样就能实现发生碰撞时随机更换农场动物图片了，代码如下。

```
def update():
    global speed_y_ball
    # 击中动物弹球
    if block.colliderect(ball):
        speed_y_ball = -speed_y_ball
        img = choice(img_list)
        ball.image = img
```

怎么实现随机改变画布的背景颜色呢？我们用 RGB 数值表示颜色。先设置一个变量 screencolor，它用来存储画布背景颜色的 RGB 数值。在开始的时候设置画布的背景颜色，代码如下。

```
screencolor = (255, 255, 0)

def draw():
    screen.fill(screencolor)
```

在动物弹球与挡板发生碰撞时，通过随机数产生三个范围在 0 ~ 255 的随机整数，代表 RGB 数值。并把 RGB 数值赋值给画布背景颜色变量 screencolor。这里注意要在 updated() 函数里先把 screencolor 声明为全局变量，之后才能重新赋值，代码如下。

```
def update():
    global speed_y_ball, screencolor
    if block.colliderect(ball):
        speed_y_ball = -speed_y_ball
        img = choice(img_list)
        ball.image = img
        r = randint(0, 255)
        g = randint(0, 255)
        b = randint(0, 255)
        screencolor = (r, g, b)
```

运行程序，游戏《欢乐农场碰碰撞》更好玩了。多种动物角色轮番登场，到处乱跑，控制挡板左右移动防止动物弹球碰到画布的下边缘（防止动物跑出门）。每次挡板和动物弹球发生碰撞后（成功阻止了动物跑出门），都会更换动物弹球图片和画布背景颜色。魔改游戏的完整代码如下。

```
from pgzrun import *
from random import *
WIDTH = 600
```

```
HEIGHT = 400
speed_block = 5
speed_x_ball = randint(-10, 10)
speed_y_ball = randint(-10, 10)
img_list = ["b1", "b2", "b3", "b4", "b5", "b6", "b7",
            "b8", "b9", "b10"]
screencolor = (255, 255, 0)
ball = Actor("b1", (100, 100))
block = Actor("block", (200, 300))


def draw():
    screen.fill(screencolor)
    ball.draw()
    block.draw()


def update():
    global speed_x_ball, speed_y_ball, speed_block, screencolor
    # 动物弹球移动
    ball.x += speed_x_ball
    ball.y += speed_y_ball
    # 动物弹球碰到画布边缘反弹
    if ball.x < 0 or ball.x > WIDTH:
        speed_x_ball = -speed_x_ball
    elif ball.y < 0:
        speed_y_ball = -speed_y_ball
    # 控制击球的挡板
    if keyboard.left:
        block.x -= speed_block
    elif keyboard.right:
        block.x += speed_block
    # 击中动物弹球
    if block.colliderect(ball):
        speed_y_ball = -speed_y_ball
        img = choice(img_list)
```

```
        ball.image = img
        r = randint(0, 255)
        g = randint(0, 255)
        b = randint(0, 255)
        screencolor = (r, g, b)
    # 漏接动物弹球，游戏结束
    if ball.y > HEIGHT:
        speed_x_ball = 0
        speed_y_ball = 0
        speed_block = 0
        print("GAME OVER!")

go()
```

　　你还能对这个游戏进行哪些魔改呢？可以尝试增加弹球的数量或挡板的数量，添加背景图片或背景音效等。也可以更改主题名称，如《放羊的牧羊犬》《战斗包围圈》《原始人的狩猎场》等。发挥想象力，做个新的游戏吧！

|第五章|

勇闯冒险岛

你玩过《冒险岛》吗？岛上充斥着各种危险，玩家需要控制英雄角色通过跳跃躲避各种障碍，最后实现通关。今天我们也来做一款类似的小游戏——《勇闯冒险岛》。

5.1 创建画布并设置背景图片

我们先来创建画布，将画布的尺寸设置为 500*350。用图片做背景，需要将图片设置为角色，并通过 draw() 将其绘制出来，代码如下。

49

```
from pgzrun import *
WIDTH = 500
HEIGHT = 350
bg1 = Actor("bg", (250, 175))

def draw():
    bg1.draw()


go()
```

运行代码，如图 5.1 所示，带有图片背景的画布已经设置好啦。

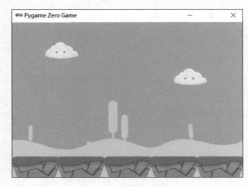

图 5.1　带有图片背景的画布

5.2　添加英雄角色并实现键盘控制

我们创建一个英雄角色 hero，其初始坐标为 (100, 250)。绘制英雄角色的语句应该放在绘制背景图片的后面，这样才能保证英雄角色不被图片背景遮盖，代码如下。

```
hero = Actor("hero_run1", (100, 250))

def draw():
    bg1.draw()
    hero.draw()
```

运行代码，如图 5.2 所示，我们的英雄角色就出现啦。

图 5.2　英雄角色

英雄角色 hero 出现在画布上，下面我们利用键盘控制其移动。首先设置一个代表英雄角色移动速度的变量 speed_hero。再在 update() 函数中通过键盘事件改变英雄角色的横坐标，从而实现通过键盘控制英雄角色的移动，代码如下。

```
speed_hero = 5
def update():
    global speed_hero
    if keyboard.left:
        hero.x -= speed_hero
    elif keyboard.right:
        hero.x += speed_hero
```

5.3　定时产生移动的障碍物

我们将产生障碍物的代码封装成一个函数 creat_hinder()，通过随机数让其出现的位置随机。由于会产生多个障碍物角色，所以我们用一个列表 hinders 来管理这些角色，代码如下。

```
from random import *
hinders = []
```

```
def creat_hinder():
    x = randint(500, 550)
    y = 280
    hinder = Actor("hinder", (x, y))
    hinders.append(hinder)
```

如何实现间隔固定时间自动产生障碍物角色呢？这就用到了 schedule_interval() 函数，最终实现在固定时间间隔内自动调用创建障碍物角色的函数，代码如下。

```
clock.schedule_interval(creat_hinder, 2)
```

通过在 draw() 函数里遍历列表的方法，实现批量绘制障碍物角色，代码如下。

```
def draw():
    for h in hinders:
        h.draw()
```

障碍物角色还没动起来呢！别急。在 update() 函数里通过遍历列表就能实现。当障碍物角色移动到画布的左侧边界时，就从列表中删除这个角色，这个功能也是在遍历列表时通过判断障碍物角色的横坐标实现的，代码如下。

```
speed_hinder = 5

def update():
    global speed_hinder
    for h in hinders:
        h.x -= speed_hinder
        if h.x < 0:
            hinders.remove(h)
```

运行代码，如图 5.3 所示，障碍物角色动起来了。

图 5.3 运动的障碍物角色

5.4 设置英雄角色跳跃及游戏结束机制

要如何实现按下空格键就让英雄角色跳跃呢？很简单，在 update() 函数里检测键盘事件，当检测到空格键被按下时，减少英雄角色的纵坐标，代码如下。

```
speed_jump = 16

def update():
    global speed_jump
    if keyboard.space:
        hero.y -=speed_jump
```

我们运行代码，发现英雄角色可以跳跃，但是跳起来后就冲出画布再也没回来。这是怎么回事呢？原来在 update() 函数里是持续检测的，一直按住空格键就会让英雄角色的纵坐标不停地减少。

所以这里我们需要添加一个限制条件：当英雄角色站在地面上时才能跳跃，这通过判断英雄角色的纵坐标就可以实现，因为当英雄角色站在地面上时，其纵坐标正好等于 250，代码如下。

```
speed_jump = 220
```

```
def update():
    global speed_jump
    if keyboard.space and hero.y==250:
        hero.y -=speed_jump
```

运行代码，这次英雄角色没有冲出画布，只有当它在地面上时才会跳跃，但是英雄角色跳跃之后就停在了半空中。我们需要实现英雄角色在跳跃之后再落下来，这通过在 update() 函数中持续增大英雄角色的纵坐标就可以实现。为了防止英雄角色"遁地"，当英雄角色接触到地面就让其停止跳跃，这里也是通过控制英雄角色的纵坐标来实现的，代码如下。

```
speed_jump = 220

def update():
    global speed_jump
    if keyboard.space and hero.y==250:
        hero.y -=speed_jump
    # 跳跃后持续下落
    hero.y += 4
    # 站在地面上后停止下落
    if hero.y>=250:
        hero.y=250
```

运行代码，英雄角色已经可以完美地跳跃了，但英雄角色碰到障碍物角色还没有反应，我们用碰撞检测来解决。

英雄角色碰到障碍物角色之后游戏结束，我们把英雄角色的移动速度、障碍物角色的移动速度和英雄角色的跳跃高度都设置为 0，并输出 "GAME OVER"，代码如下。

```
def update():
    global speed_hero, speed_jump, speed_hinder
    for h in hinders:
```

```
if h.colliderect(hero):
    speed_hero = 0
    speed_hinder = 0
    speed_jump = 0
    print("GAME OVER")
```

游戏可以正常运行了，但是游戏永远可以更加完善，下面我们从角色动画和画布背景上进行优化。

5.5　设置角色动画

角色可以跳跃，但总是一个姿势，像个木头人。我们可以让角色呈现跑步的动画状态，这样游戏就更精致了。实现动画状态其实就是多张图片反复地快速切换。

我们准备了两张英雄角色姿势的图片，如图 5.4 和图 5.5 所示，通过在 update() 函数里反复切换英雄角色的 image 属性就可以让角色动起来。

hero_run1.png

hero_run2.png

图 5.4　英雄角色的姿势 1　　　　　图 5.5　英雄角色的姿势 2

代码的逻辑就是如果现在显示的是第一张图片，接下来就切换为第二张图片，反之如果现在显示的是第二张图片，接下来就切换为第一张图片，代码如下。

```
def update():
    if hero.image == "hero_run1":
        hero.image = "hero_run2"
    else:
```

```
hero.image = "hero_run1"
```

这样确实能让英雄角色跑起来，可是动作变化得太快了！我们可以通过一个计次变量来解决这个问题。

首先设置一个计次变量 tick，初始值为 0。在 update() 函数里声明为全局变量，让它持续加 1。然后用 tick % 10 == 0 进行判断，也就是当 tick +=1 这行代码运行 10 次时才切换一下英雄角色的图片，这样切换图片的频率就可以控制啦。当我们想让动画切换得更慢一些时，可以对比 10 大的数求余，如用 tick % 20 == 0 进行判断，这样就可以让图片切换的速度再慢一倍。反之对比 10 小的数字求余，图片切换的速度就越快，代码如下。

```
tick = 0   # 计次变量
def update():
    global tick
    tick += 1
    if tick % 10 == 0:
        if hero.image == "hero_run1":
            hero.image = "hero_run2"
        else:
            hero.image = "hero_run1"
```

5.6 设置背景无限移动

画布背景是静止的，这让游戏画面显得不自然，好像障碍物角色自己会跑一样。其实我们只要让画布背景和障碍物角色以同样的速度向左移动，即使英雄角色没有移动，也有英雄角色向前跑的感觉。实际上很多游戏都是通过让画布背景移动的方式来呈现英雄角色前进的状态的。

现在的难题是画布背景图片和画布一样大，如果向左移动的话，画布的右侧就没图片了。即使背景图片比画布要宽很多，最后画布上也会出现没有图片覆盖的区域，如图 5.6 所示。

图 5.6　画布背景左移示意图

我们要怎么解决这个问题呢？如图 5.7 所示，让两张图片同步移动，当前面的图片完全移出画布时，就让其更改位置到第二张图片的后面。依次类推，反复循环，这样就能实现"无限背景"。

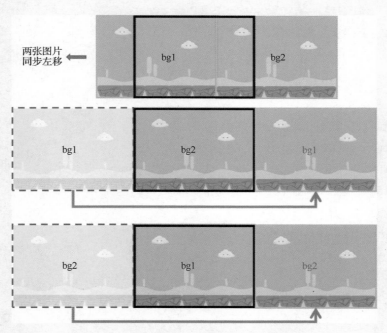

图 5.7　实现"无限背景"示意图

我们先要设置两个画布背景角色，这两个画布背景角色使用同样的图片，代码如下。

```
bg1 = Actor("bg", (250, 175))
bg2 = Actor("bg", (750, 175))
```

```
def draw():
    bg1.draw()
    bg2.draw()
```

下面让两个画布背景角色同步向左移动，并通过边缘坐标判断改变两张图片前后顺序的时机，代码如下。

```
def update():
    global speed_hinder
    bg1.x -= speed_hinder
    bg2.x -= speed_hinder
    if bg1.x <= -250:
        bg1.x = 750
    if bg2.x <= -250:
        bg2.x = 750
```

完整的游戏代码如下。

```
from pgzrun import *
from random import *
WIDTH = 500
HEIGHT = 350
speed_hero = 5
speed_hinder = 5
speed_jump = 220

hero = Actor("hero_run1", (100, 250))
bg1 = Actor("bg", (250, 175))
bg2 = Actor("bg", (750, 175))
hinders = []
tick = 0   # 计次变量

def creat_hinder():
    x = randint(500, 550)
```

```
        y = 280
        hinder = Actor("hinder", (x, y))
hinders.append(hinder)

def draw():
    bg1.draw()
    bg2.draw()
    hero.draw()
    for h in hinders:
        h.draw()

def update():
    global speed_hero, speed_jump, speed_hinder, tick
    if keyboard.left:
        hero.x -= speed_hero
    elif keyboard.right:
        hero.x += speed_hero
    elif keyboard.space and hero.y ==250:
        hero.y -= speed_jump
    hero.y += 4
    if hero.y >= 250:
        hero.y = 250

    for h in hinders:
        h.x -= speed_hinder
        if h.x < 0:
            hinders.remove(h)
        if h.colliderect(hero):
            speed_hero = 0
            speed_hinder = 0
            speed_jump = 0
            print("GAME OVER")

    # 无限背景
    bg1.x -= speed_hinder
    bg2.x -= speed_hinder
```

```
        if bg1.x <= -250:
            bg1.x = 750
        if bg2.x <= -250:
            bg2.x = 750


        # 英雄角色跑步动作
        tick += 1
        if tick % 10 == 0:
            if hero.image == "hero_run1":
                hero.image = "hero_run2"
            else:
                hero.image = "hero_run1"

clock.schedule_interval(creat_hinder, 2)
go()
```

通过设计角色动画和实现"无限背景"，整个游戏的品质提升了。还可以有哪些修改呢？观察图 5.8 所示的游戏截图，是不是感觉换了一个游戏？你认为是怎么实现的呢？

图 5.8　游戏截图

其实替换障碍物角色、画布背景就可以。我们还可以增加分数设置或者增加关卡设置，分数到达某个数值之后就加快障碍物角色的移动速度，或者分数达到某个数值后更换一个画布背景，让英雄角色跳得更高……魔改游戏，等你动手！

| 第六章 |

极限挑战

重点知识

1. 了解批量角色的生成、移动、管理
2. 学习角色碰撞跟随的实现
3. 掌握状态变量的使用
4. 掌握定时器的设置与取消

这一章我们进行一个挑战。在一个神奇的地方，空中飘浮着很多向上移动的土地碎块。我们的英雄角色必须不停地跳跃到安全的土地碎块上。如果在跳跃的过程中没有踩到土地碎块，或者跟随土地碎块上升到了画布的外面，游戏失败。现在我们就来做《极限挑战》小游戏吧！

6.1　创建画布、英雄角色出场

我们先来创建一块 400*600 的画布，将画布的背景颜色填充为天蓝色。再创建一个英雄角色并绘制出来，代码如下。

```
from pgzrun import *
WIDTH = 400
HEIGHT = 600
hero = Actor("hero", (200, 300))

def draw():
    screen.fill((100, 149, 237))
    hero.draw()


go()
```

运行代码，如图 6.1 所示。

图 6.1　创建画布、英雄角色出场

6.2　移动的土地碎块

　　这个游戏中会有很多向上移动的土地碎块，每个土地碎块都是一个角色。我们用一个列表存储并管理这些角色。先定义一个函数来创建土地碎块角色。为了让生成的每个土地碎块出现在随机位置，我们用到了随机数，代码如下。

```
from random import *
grounds = []
def creat_ground():
    x = randint(0, 400)
    y = randint(600, 650)
    ground = Actor("ground", (x, y))
    grounds.append(ground)
```

我们用一个定时器，每隔 1 秒就调用一次函数，产生一个土地碎块，代码如下。

```
clock.schedule_interval(creat_ground, 1)
```

运行代码，为什么没显示出来呢？绘制一下就可以啦！代码如下。

```
def draw():
    for g in grounds:
        g.draw()
```

怎么让这些土地碎块角色向上移动呢？在 update() 函数中遍历列表，让每个土地碎块角色的纵坐标持续减少，这样就可以啦！代码如下。

```
speed_ground = 3
def update():
    global speed_ground
    for g in grounds:
        g.y -= speed_ground
```

当土地碎块角色向上移动到画布上方我们看不到的地方，就需要从列表中删除这个土地碎块角色，代码如下。

```
def update():
    global speed_ground
    for g in grounds:
```

```
g.y -= speed_ground
if g.y < 0:
    grounds.remove(g)
```

运行代码，如图 6.2 所示。

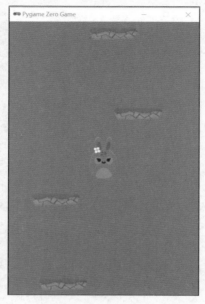

图 6.2　向上移动的土地碎块角色

6.3　英雄角色的运动设置

英雄角色对土地碎块视而不见！我们想实现让英雄角色碰到土地碎块后就跟随土地碎块一起向上移动。要如何实现呢？用 colliderect() 检测二者接触，之后让英雄角色的底部坐标与接触的土地碎块角色的顶部坐标保持一致就可以啦！

在表示角色位置的时候，x 坐标、y 坐标分别代表角色中心点的横纵坐标，pos 代表角色中心的坐标，left、right 分别代表角色左右边界的横坐标，top、bottom 分别代表角色上下边界的纵坐标。角色图片上还有一些位置属性也是编程中常用的，如图 6.3 所示。

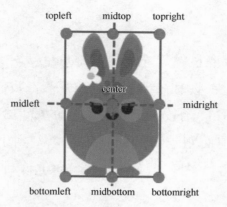

图 6.3　角色图片的位置属性示意图

　　下面的代码中我们通过 hero.bottom 获得英雄角色底部的纵坐标，通过 g.top 获得土地碎块角色顶部的纵坐标，让二者保持一致，这样就能让英雄角色站在土地碎块上，二者同时上升，代码如下。

```
def update():
    global speed_ground
    for g in grounds:
        g.y -= speed_ground
        if g.colliderect(hero):
            hero.bottom = g.top
```

　　英雄角色可以跟随碰到的土地碎块角色向上移动啦！但是还不能用键盘控制英雄角色左右移动。这个可难不倒我们，用我们最熟悉的键盘事件就能轻松完成，代码如下。

```
speed_hero = 5
def update():
    global speed_hero
    if keyboard.left:
```

```
        hero.x -= speed_hero
    elif keyboard.right:
        hero.x += speed_hero
```

运行代码，可以通过键盘来控制英雄角色左右移动了，但还有个奇怪的地方，英雄角色一直悬在半空中，不下落。我们用一行代码来解决这个问题，在 update() 函数中让英雄角色的横坐标一直增加，什么时候停止呢？还记得前面刚刚讲过的英雄角色碰到土地碎块角色后的描述吗？碰撞后英雄角色跟随土地碎块一起向上移动，代码如下。

```
def update():
hero.y += 3
```

你发现没？还有一个地方不够好 —— 英雄角色出场时的动作不潇洒。刚出场时，在半空中直接向下落，如果下面没有土地碎块，英雄角色一出场游戏就结束啦！我们来改进一下，在游戏开始的时候就创建一个土地碎块角色，让英雄角色踩着土地碎块出场，代码如下。

```
ground = Actor("ground", (200, 550))
grounds.append(ground)
hero = Actor("hero", (grounds[0].x, grounds[0].y))
```

运行代码，如图 6.4 所示。

图 6.4　英雄角色出场

6.4　设置英雄角色跳跃

　　英雄角色可以左右移动，但还不能实现跳跃。我们用小游戏《勇闯冒险岛》里的方法实现让英雄角色跳跃，在《勇闯冒险岛》游戏中判断是否能跳跃需要满足两个条件：按下按键和英雄角色站在地面上。在《勇闯冒险岛》游戏中通过纵坐标就可以判断英雄角色是否站在地面上。而在现在的游戏中，土地碎块角色是移动的，要怎么判断英雄角色是否站在土地碎块上呢？

　　方法是有的，我们用一个变量 canjump 表示是否能跳跃，这样的变量我们称为"状态变量"。通过检测英雄角色是否与某个土地碎块角色碰撞，碰撞（接触）就是能跳跃的状态，canjump 设置为 True。为了防止在英雄角色跳跃或下落过程中再次跳跃，我们将在 update() 函数中持续将 canjump 设置为 False，但只要英雄角色站在某个土地碎块上就一定要将 canjump 设置为 True，代码如下。

```
speed_jump = 100
canjump = False  # 是否可以跳跃
def update():
    global speed_ground, speed_hero, speed_jump, canjump
    if keyboard.space and canjump == True:
        hero.y -= speed_jump
    canjump = False # 一直检测，只要没在土地碎块上就为False
    for g in grounds:
        g.y -= speed_ground
        if g.colliderect(hero):
            canjump = True
            hero.bottom = g.top
```

6.5 设置游戏结束机制

要怎么判断游戏是否结束呢？在跳跃的过程中英雄角色没有踩到土地碎块或者跟随土地碎块上升到了画布的外面，游戏就结束了。在代码层面就是判断英雄角色的纵坐标是否小于 0 或大于画布的高度。当满足游戏结束的条件后，把英雄角色的移动速度、英雄角色的跳跃速度、土地碎块角色的移动速度都设置为 0，并用语句 clock.unschedule(creat_ground) 取消定时器，不再产生新的土地碎块角色，最后输出 "GAME OVER"，代码如下。

```
def update():
    global speed_ground, speed_hero, speed_jump, canjump
    if hero.y >= HEIGHT or hero.y < 0:
        speed_jump = 0
        speed_hero = 0
        speed_ground = 0
        clock.unschedule(creat_ground)
        print("GAME OVER!")
```

6.6 改进英雄角色的跳跃方式

现在这个游戏已经基本完成了。如果你想精益求精，可以从改进英雄角色的跳跃方式入手。英雄角色只能向上跳跃，如果只按空格键并不能让英雄角色跳到其他的土地碎块上。所以我们可以在按空格键跳跃这个动作发生时让英雄角色也向左移动或向右移动。

什么时候向左移动？什么时候向右移动呢？如图 6.5 所示，我们可以通过判断英雄角色离土地碎块角色的左右边界哪边更近来决定，离哪边近就朝哪边跳。

靠近左侧向左跳　　　　　　靠近右侧向右跳

图 6.5　判断英雄角色跳跃方式示意图

英雄角色的横坐标减去土地碎块角色的左边界坐标（也就是英雄角色距离土地碎块角色左边界的距离）小于土地碎块角色宽度的一半，就说明英雄角色距离土地碎块角色的左边界近，要朝左跳；否则朝右跳，代码如下。

```
if hero.x-g.left < g.width/2:
    hero.x -=80
else:
    hero.x +=80
```

上述判断是在满足跳跃条件的情况下执行的，所以我们可以改变一下检测空格键的位置，这样就可以不用设置状态变量 canjump 了！这个省略状态变量的方法是难度比较大的写法，如果你觉得很难理解也没关系，可以直接跳过这部分讲解，用前面的方法就可以啦。

```
for g in grounds:
    g.y -= speed_ground
    if g.colliderect(hero):
        hero.bottom = g.top
        if keyboard.space:
            hero.y -= speed_jump
            if hero.x-g.left < g.width/2:
                hero.x -=80
            else:
                hero.x +=80
```

《极限挑战》小游戏的完整代码如下。

```python
from pgzrun import *
from random import *
WIDTH = 400
HEIGHT = 600
speed_ground = 3
speed_hero = 5
speed_jump = 100
canjump = False
grounds = []

ground = Actor("ground", (200, 550))
grounds.append(ground)
hero = Actor("hero", (grounds[0].x, grounds[0].y))

def creat_ground():
    x = randint(0, 400)
    y = randint(600, 650)
    ground = Actor("ground", (x, y))
    grounds.append(ground)

def draw():
    screen.fill((100, 149, 237))
    hero.draw()

    for g in grounds:
        g.draw()

def update():
    global speed_ground, speed_hero, speed_jump, canjump
    if keyboard.left:
        hero.x -= speed_hero
    elif keyboard.right:
```

```
        hero.x += speed_hero
    elif keyboard.space and canjump == True:
        hero.y -= speed_jump
    hero.y += 3
    if hero.y >= HEIGHT or hero.y < 0:
        speed_jump = 0
        speed_hero = 0
        speed_ground = 0
        clock.unschedule(creat_ground)
        print("GAME OVER!")

    canjump = False   # 一直检测，只要没在土地碎块上就为False
    for g in grounds:
        g.y -= speed_ground
        if g.colliderect(hero):
            canjump = True
            hero.bottom = g.top
        if g.y < 0:
            grounds.remove(g)

clock.schedule_interval(creat_ground, 1)
go()
```

　　完成了这个小游戏，你的编程水平肯定又进步了很多。下面是你大展身手的时候啦！你会把这个游戏改成什么样子呢？如孙悟空脚踩祥云跳来跳去，或者是小猴子踩着鳄鱼过河……

| 第七章 |

飞机大战

重点知识

1. 了解同一游戏中不同种类、多个角色的设置管理
2. 掌握不同种类、多个角色间的碰撞检测

经典游戏《飞机大战》家喻户晓，对于学习游戏编程的小伙伴来说，这个游戏也是一个经典的练习工具。因为改变一下素材，它就可以变成很多游戏的原型，如变成赛车游戏、赛摩托游戏、赛艇游戏、跑酷游戏、滑雪游戏、滑冰游戏、接金蛋游戏或钢琴大师游戏……这个游戏很适合当作编程"脑力体操"，可以为了保持编程的手感，每天计时快速地写一遍代码。建议你尝试一下哦！

7.1 创建画布

我们先来创建一块 400*600 的画布，填充颜色，代码如下。

```
from pgzrun import *
WIDTH = 400
HEIGHT = 600


def draw():
    screen.fill((100, 149, 237))


go()
```

运行代码，效果如图 7.1 所示。

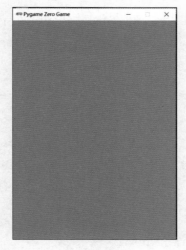

图 7.1　画布

7.2　创建、显示、设置飞机角色

我们先来创建并显示飞机角色。

```
hero = Actor("hero", (200, 500))

def draw():
    screen.fill((100, 149, 237))
    hero.draw()
```

运行代码，如图 7.2 所示，飞机角色出现了。

图 7.2　飞机角色

下面增加键盘事件，让程序能够通过按键盘上的上下左右四个方向键控制飞机角色的移动。将飞机角色的速度设置为 5 并存在变量 speed_hero 里。在 update() 函数里通过键盘检测后，改变飞机角色的横纵坐标以实现飞机向前后左右四个方向的移动，代码如下。

```python
speed_hero = 5
def update():
    global speed_hero
    if keyboard.left:
        hero.x -= speed_hero
    elif keyboard.right:
        hero.x += speed_hero
    elif keyboard.up:
        hero.y -= speed_hero
    elif keyboard.down:
        hero.y += speed_hero
```

7.3　创建、显示、设置敌机角色

我们先来创建敌机角色，为了让其出现的位置随机，我们需要使用随机数。和前面的章节一样，我们将创建角色的代码封装成一个函数，用定时器 schedule_interval() 每隔 1 秒调用一次函数并生成一个敌机角色，依次源源不断地生成敌机角色。敌机角色的数量很多，我们用一个列表来管理敌机角色，每次创建完成后都将敌机角色添加到列表 enemies 中，代码如下。

```
from random import *

enemies = []
def creat_enemy():
    x = randint(0, 400)
    y = randint(-50, 0)
    enemy = Actor("enemy", (x, y))
    enemies.append(enemy)

clock.schedule_interval(creat_enemy, 1)
```

创建完敌机角色后，我们在 draw() 函数里遍历列表 enemies，让每个敌机角色都出现在画布上，代码如下。

```
def draw():
    screen.fill((100, 149, 237))
    hero.draw()
    for e in enemies:
        e.draw()
```

运行代码，我们看到敌机角色逐渐在画布上方集结，但是都静止不动，下面我们让敌机角色动起来。先来设置敌机角色的移动速度 speed_enemy，再在 update() 函数里遍历列表 enemies，让每个敌机角色的纵坐标持续增加，也就是从画布的上方向下飞。当敌机角色向下飞出画布后，就从列表中删除这个敌机角色，代码如下。

```
speed_enemy = 2
def update():
    global speed_hero, speed_enemy
    for e in enemies:
        e.y += speed_enemy
        if e.y >= HEIGHT:
            enemies.remove(e)
```

运行代码，如图 7.3 所示，我们看到每隔一秒就会出现一个新的敌机角色，所有的敌机角色都向画布的下方飞。

图 7.3　随机生成的敌机角色

7.4　创建、显示、设置子弹角色

用与创建敌机角色类似的方法，我们来创建子弹角色，通过一个新的列表来管理多个子弹角色。先定义一个函数来创建子弹角色，通过定时器每隔 0.5 秒调用这个函数并生成一个子弹角色。这里需要注意，子弹角色是从飞机角色的位置发射的，所以子弹角色的初始横纵坐标与飞机角色的横纵坐标是一致的，代码如下。

```
bullets = []
def creat_bullet():
    x = hero.x
    y = hero.y
    bullet = Actor("bullet", (x, y))
    bullets.append(bullet)
clock.schedule_interval(creat_bullet, 0.5)
```

遍历列表，让子弹角色显示在画布上，代码如下。

```
def draw():
    for b in bullets:
        b.draw()
```

运行代码，如图 7.4 所示，子弹角色在不断地出现，且都是从飞机角色的位置出现的。

图 7.4　子弹角色

下面我们让子弹角色动起来。与让敌机角色移动的方法一样，但需要注意两个角色的运动方向是不同的，子弹角色是从画布的下方向上移动，所以其纵坐标是逐渐减少的。当子弹角色飞出画布的上边缘时，就从列表中删除这个角色，代码如下。

```
speed_bullet = 2
def update():
    global speed_bullet
    for b in bullets:
        b.y -= speed_bullet
        if b.y < 0:
            bullets.remove(b)
```

运行代码，如图 7.5 所示，现在我们可以看到飞机角色发射子弹了，火力很猛。

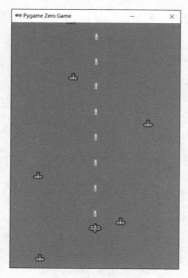

图 7.5　飞机角色发射子弹

7.5　设置碰撞检测

　　想要发挥子弹角色的威力，就要设置碰撞检测。这里的碰撞检测稍微复杂一些，因为有很多子弹角色和很多敌机角色，只要任何一颗子弹角色碰撞到任何一个敌机角色，就需要删除发生碰撞的两个角色。

　　怎么在代码中实现呢？先遍历子弹角色列表，再在这个遍历过程中增加对敌机角色列表的遍历，最后进行碰撞检测。想要实现上述功能，需要用到 for 循环语句的嵌套，代码如下。

```
def update():
    global speed_hero, speed_enemy, speed_bullet
    for b in bullets:
        b.y -= speed_bullet
        if b.y < 0:
            bullets.remove(b)
        for e in enemies:
            if b.colliderect(e):
```

```
        bullets.remove(b)
        enemies.remove(e)
        print("击中敌机")
```

运行代码。已经可以实现用子弹角色消灭敌机角色啦!

7.6 设置游戏结束机制

这个游戏的核心规则就是不被敌机角色碰撞,用子弹角色尽量多地消灭敌机角色。所以当敌机角色碰到飞机角色时,游戏应该结束,这也是用碰撞检测实现的。

遍历敌机角色列表,当任何一个敌机角色与飞机角色碰撞时,游戏结束,我们需要把飞机角色的速度、敌机角色的速度、子弹角色的速度都设置为0,同时取消生成敌机角色的定时器,代码如下。

```
def update():
    global speed_hero, speed_enemy, speed_bullet
    for e in enemies:
        if e.colliderect(hero):
            print("game over")
            speed_enemy = 0
            speed_hero = 0
            speed_bullet = 0
            clock.unschedule(creat_enemy)
```

现在这个基础版的《飞机大战》已经做完了,完整代码如下。

```
from pgzrun import *
from random import *
WIDTH = 400
HEIGHT = 600
speed_hero = 5
```

```python
speed_enemy = 2
speed_bullet = 2
hero = Actor("hero", (200, 500))
enemies = []
bullets = []

def creat_enemy():
    x = randint(0, 400)
    y = randint(-50, 0)
    enemy = Actor("enemy", (x, y))
    enemies.append(enemy)

def creat_bullet():
    x = hero.x
    y = hero.y
    bullet = Actor("bullet", (x, y))
    bullets.append(bullet)

def draw():
    screen.fill((100, 149, 237))
    hero.draw()
    for e in enemies:
        e.draw()
    for b in bullets:
        b.draw()

def update():
    global speed_hero, speed_enemy, speed_bullet
    if keyboard.left:
        hero.x -= speed_hero
    elif keyboard.right:
        hero.x += speed_hero
    elif keyboard.up:
        hero.y -= speed_hero
```

```
    elif keyboard.down:
        hero.y += speed_hero
# 游戏结束设置
for e in enemies:
    e.y += speed_enemy
    if e.y >= HEIGHT:
        enemies.remove(e)
    if e.colliderect(hero):
        print("GAME OVER")
        speed_enemy = 0
        speed_hero = 0
        speed_bullet = 0
        clock.unschedule(creat_enemy)
# 子弹角色消灭敌机角色的设置
for b in bullets:
    b.y -= speed_bullet
    if b.y < 0:
        bullets.remove(b)
    for e in enemies:
        if b.colliderect(e):
            bullets.remove(b)
            enemies.remove(e)
            print("击中敌机")

clock.schedule_interval(creat_enemy, 1)
clock.schedule_interval(creat_bullet, 0.5)
go()
```

经典游戏《飞机大战》的基础版本已经完成了，希望你也把它当作编程学习过程中用于练习的"脑力体操"，经常练习，从零开始写这个游戏的完整代码。坚持下去，你的编程水平一定会突飞猛进的！

还可以做哪些优化呢？加音效、设置并显示分数、关卡设置、升级飞机角色、背景移动等等。快开始动手实践吧！

| 第八章 |

欢乐打字游戏

重点知识

1. 了解 ASCII 码及 chr()
2. 学习列表嵌套字典的复杂结构
3. 掌握 eval() 函数的使用
4. 掌握渐变颜色的文字的设置方法
5. 熟悉呼吸灯效果的实现方法

在人工智能技术迅速发展的时代，人们的学习、工作、生活都离不开智能手机和计算机，打字成了每个人需要掌握的必备技能。这一章我们来制作一个《欢乐打字游戏》，让打字练习变得不再枯燥。

8.1 生成随机字母

我们先来创建随机字母，并让其显示在画布的随机位置。怎么能生成随机字母呢？一种方法是我们把 26 个字母存在一个列表中，并通过

random 库中的 choice() 从字母列表里随机选择一个。

接下来我们再学习一种新的方法。其实每个字母在计算机中都对应着一个数字，我们称为 "ASCII 码"。比如，字母 "a" 对应 97，"b" 对应 98，"c" 对应 99……"z" 对应 122。已知了字母的 ASCII 码，我们只需要通过 chr() 就能将其转化为对应的字母。例如，运行下面的两行代码就可以生成字母 a。

```
letter = chr(97)
print(letter)
```

那要如何生成随机字母呢？首先生成 97 ~ 122 的随机数字，即 26 个字母的 ASCII 码，再通过 chr() 将其转化为字母，代码如下。

```
from random import *
n = randint(97, 122)
letter = chr(n)
print(letter)
```

8.2　定时生成随机字母

生成了随机字母后，我们让其在画布上显示。创建一块 500*400 的画布并填充颜色，代码如下。

```
from pgzrun import *
WIDTH = 500
HEIGHT = 400

def draw():
    screen.fill((240, 255, 240))

go()
```

运行代码，结果如图 8.1 所示。

图 8.1　画布

有了画布之后，我们通过之前学习的 screen.draw.text() 将生成的随机字母绘制到画布上，为了让字母在随机位置出现，我们通过随机数设置字母的横纵坐标，代码如下。

```
def draw():
    screen.fill((240, 255, 240))
    n = randint(97, 122)
    letter = chr(n)
    x = randint(50, 450)
    y = randint(50, 450)
    screen.draw.text(letter, (x, y),fontsize=100,
                    color="red")
```

运行代码，结果如图 8.2 所示。

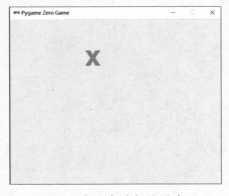

图 8.2　字母在随机位置出现

现在我们只是绘制出了一个字母，如果想要绘制很多个字母，要怎么做呢？思考一下，绘制一个字母都需要设置什么属性？绘制一个字母需要设置字母文本、横坐标、纵坐标、字号、字体颜色。如果我们把每个字母的这些属性都存在字典里，然后再把每个字母的字典存到一个列表里，这样管理起来就非常方便了。

简而言之，每个字母都有一个字典 letter_dict，里面存储着这个字母的各种属性。还有一个列表 letters，里面存储着每个字母对应的字典，代码如下。

```python
letters = []

def make_letter():
    n = randint(97, 122)
    letter = chr(n)
    letter_dict = {}
    letter_dict["text"] = letter
    letter_dict["x"] = randint(10, 490)
    letter_dict["y"] = randint(-50, 0)
    letter_dict["fontsize"] = 100
    letter_dict["color"] = (255, 0, 0)
    letters.append(letter_dict)
```

上面的代码已经有些复杂了，我们把上述的过程都封装在一个函数里。如果你没有立刻理解，可以多思考一下。有了这个函数，我们只需要用定时器每隔一段时间调用这个函数，就能将字母存到列表，定时器的代码如下。

```python
clock.schedule_interval(make_letter, 1)
```

8.3 绘制字母并让其下落

下面我们来绘制字母。在前面我们已经绘制一个字母了，现在有很多个字母存到一个列表里，通过遍历列表可以获得每个字母的属性字典，再通过字典取值获得各个属性。绘制已经生成的所有字母的代码如下。

```python
def draw():
    screen.fill((240, 255, 240))
    for letter in letters:
        screen.draw.text(letter["text"], (letter["x"],
            letter["y"]), fontsize=letter["fontsize"],
            color=letter["color"])
```

如果想让字母下落，我们只需要在 update() 函数中持续增大它的纵坐标就可以了。当字母到达画布底端时，我们就从列表中删除这个字母，代码如下。

```python
speed_letter = 5

def update():
    global speed_letter
    for letter in letters:
        letter["y"] += speed_letter
        if letter["y"] >= HEIGHT:
            letters.remove(letter)
            print("漏掉一个字母！")
```

运行代码，如图 8.3 所示，我们已经实现了让随机生成的字母下落啦！

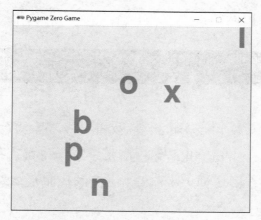

图 8.3　随机生成的字母下落

8.4　消除字母

下面我们来实现消除字母。我们知道检测键盘上字母键的方法是语句"keyboard.字母"，那我们要如何检测是否按下了已经存在于列表中的字母呢？通过下面的代码可以输出列表中的每个字母。

```
for letter in letters:
    print("keyboard."+letter["text"]):
```

但是输出的结果是字符串，如果能让这个字符串直接变为可执行的代码就好了。有这样的方法吗？当然有，那就是 eval() 函数！如果一行可以执行的代码是字符串的格式，把这个字符串放在 eval() 函数的括号里，然后就可以直接执行啦！代码如下。

```
str1 = "print('hello')"
eval(str1)


str2 = "100+11"
n = eval(str2)
print(n)
```

运行代码，输出的结果如图 8.4 所示。

```
n.exe c:/Users/50637/Desktop/B3-9.19/代码/8.打字游戏/实验.py
hello
111
```

图 8.4　程序输出结果

通过 eval() 函数可以检测键盘事件。遍历字母列表，通过 eval("keyboard."+letter["text"]) 语句检测每一个字母是否被按下。如果一个字母被按下了，就直接从列表中删除。下面的代码虽然短，但是不好理解，要仔细琢磨才行哦！

```python
def update():
    for letter in letters:
        # 按下正确按键，字母消除
        if eval("keyboard."+letter["text"]):
            letters.remove(letter)
```

8.5　设置并显示分数

要如何评估我们的打字水平呢？可以设置分数，每消灭一个字母，就增加得分。先设置一个存储分数的变量 score，设置其初始值为 0，代码如下。

```python
score = 0
```

当消除一个字母时，就增加 1 分，代码如下。

```python
if eval("keyboard."+letter["text"]):
    letters.remove(letter)
    score += 1
```

最后将分数显示在画布的右上角。只要得分，这个分数都会更新显示，代码如下。

```
def draw():
    screen.fill((240, 255, 240))
    for letter in letters:
        screen.draw.text("SCORE:"+str(score), (380, 30),
                fontsize=30, fontname="", color="white")
```

运行代码，结果如图 8.5 所示。

图 8.5 显示分数

8.6 优化游戏

接下来我们让打字游戏变得更美观一些，可以让文字的颜色变为渐变的。渐变颜色是一种颜色向另一种颜色的过渡，所以我们需要两种颜色。在 screen.draw.text() 语句原来参数的基础上再加上第二种颜色参数 gcolor 就可以了，绘制黄色向橙色渐变的代码如下。

```
def draw():
    screen.draw.text("COOL CODING!", (180, 200),
                fontsize=100,  color="yellow",
                gcolor="orange")
```

运行代码，绘制的效果如图 8.6 所示。

COOL CODING!

图 8.6　渐变颜色的文字

之前我们把每个字母的属性都存储在一个字典里，所以我们要在字典里添加一个 gcolor 属性。为了让效果更好，我们用随机数设置每个字母的两种渐变颜色，同时将文字的大小也设置为随机数，代码如下。

```python
def make_letter():
    n = randint(97, 122)
    letter = chr(n)
    letter_dict = {}
    letter_dict["text"] = letter
    letter_dict["x"] = randint(10, 490)
    letter_dict["y"] = randint(-50, 0)
    # 文字的大小设置为随机数
    letter_dict["fontsize"] = randint(50, 200)
    # 文字的第一种颜色设置为随机数
    r = randint(0, 255)
    g = randint(0, 255)
    b = randint(0, 255)
    letter_dict["color"] = (r, g, b)
    # 文字的第二种颜色（渐变颜色）设置为随机数
    r2 = randint(0, 255)
    g2 = randint(0, 255)
    b2 = randint(0, 255)
    letter_dict["gcolor"] = (r2, g2, b2)
    letters.append(letter_dict)
```

相应地，绘制字母的代码也要进行调整，修改后的代码如下。

```python
def draw():
    for letter in letters:
```

```
        screen.draw.text(letter["text"], (letter["x"],
letter["y"]), fontsize=letter["fontsize"],color=letter
["color"],gcolor=letter["gcolor"])
```

运行代码，如图 8.7 所示，再来看看我们的《欢乐打字游戏》，是不是更酷啦？

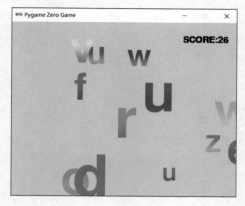

图 8.7　欢乐打字游戏

最后我们再通过一点简单的逻辑，使画布背景实现呼吸灯效果。如果背景颜色用 RGB 数值表示，我们只改变 RGB 中的一个数值，效果会更好，例如，我们选择改变 B（蓝色）的数值。先设置一个代表 B（蓝色）的变量 b，初始值设为 0。然后连续增加 speed_color 的值，也就是变化速度变量的值，颜色会发生变化。当变量 b 的值等于 255 时，需要将变量 b 的值再逐渐减小，我们通过把 speed_color 的值变为相反数来达到目的。同样地，当变量 b 的值逐渐减小最后等于 0 时，再次把 speed_color 的值变为相反数，b 的值就开始增大。如此就实现了循环往复的呼吸灯效果，代码如下。

```
b = 0 # 背景颜色中的蓝色部分
speed_color = 1 #背景颜色的变化速度

def draw():
    global b,speed_color
```

```
    b += speed_color
    if b == 255 or b == 0:
        speed_color = -speed_color
    screen.fill((240, 255, b))
```

《欢乐打字游戏》的完整代码如下。

```
from pgzrun import *
from random import *
WIDTH = 500
HEIGHT = 400
speed_letter = 5
score = 0   # 得分
b = 0   # 背景颜色中的蓝色部分
speed_color = 1   # 背景颜色的变化速度
letters = []


def make_letter():
    n = randint(97, 122)
    letter = chr(n)
    letter_dict = {}
    letter_dict["text"] = letter
    letter_dict["x"] = randint(10, 490)
    letter_dict["y"] = randint(-50, 0)
    letter_dict["fontsize"] = randint(50, 200)
    r = randint(0, 255)
    g = randint(0, 255)
    b = randint(0, 255)
    letter_dict["color"] = (r, g, b)
    r2 = randint(0, 255)
    g2 = randint(0, 255)
    b2 = randint(0, 255)
    letter_dict["gcolor"] = (r2, g2, b2)
    letters.append(letter_dict)
```

```
def draw():
    global b, speed_color
    b += speed_color
    if b == 255 or b == 0:
        speed_color = -speed_color
    screen.fill((240, 255, b))
    for letter in letters:
        screen.draw.text(letter["text"], (letter["x"],
letter["y"]),fontsize=letter["fontsize"],color=letter
["color"], gcolor=letter["gcolor"])
        screen.draw.text("SCORE:"+str(score), (380, 30),
                        fontsize=30,  color="black")


def update():
    global speed_letter, score
    for letter in letters:
        letter["y"] += speed_letter
        if letter["y"] >= HEIGHT:
            letters.remove(letter)
            print("漏掉一个字母！")
        if eval("keyboard."+letter["text"]):
            letters.remove(letter)
            score += 1


clock.schedule_interval(make_letter, 0.1)
go()
```

《欢乐打字游戏》就完成了，你可以把定时器的时间缩短一点儿，挑战一下自己打字的极限速度哦！也可以让你的朋友来挑战一下！当然，还可以有其他的优化方法，你能想到哪些呢？

| 第九章 |

迷宫探险

重点知识

1. 了解二维列表的定义与取值
2. 学习用二维列表布局游戏地图
3. 掌握英雄角色撞墙反弹的设置方法

　　你一定玩过迷宫游戏，这一章我们也来做一个《迷宫探险》游戏。通过键盘控制英雄角色，让英雄角色选择正确的路线，最后逃出迷宫。

9.1　布局迷宫地图

　　做好迷宫游戏的关键是设计地图。如图 9.1 所示，迷宫的地图一般是由许多的小正方形图片组成的，我们需要按照需要把这些小图片拼成一张大地图。

door.png　　　　hero.png　　　　road.png　　　　wall.png

图 9.1　组成迷宫地图的小图片

如何用程序拼出迷宫的地图呢？这就用到了二维列表。我们都知道，之前学习的列表可以用来存储很多数据，那到底什么是二维列表呢？二维列表就是用列表当作单个元素再次存入一个新的列表中。简而言之，二维列表就是"列表的列表"，即存储列表的列表。

下面的代码就是一个二维列表。大列表一共有三个元素，而每一个元素又是一个包含三个数字的列表。

```
map1 = [[1, 2, 3], [4, 5, 6], [7, 8, 9]]
```

为了看起来方便，我们一般将二维列表的每个子列表换行，用下面的方式进行呈现。

```
map1 = [
    [1, 2, 3],
    [4, 5, 6],
    [7, 8, 9]
]
```

上面两种写法都是正确的，运行效果也是一样的。第二种写法像不像一个三行、三列的表格？再思考一下，我们用小的正方形图片拼成地图，是不是也很像一个表格呢？

假如我们用不同的数字代表不同的小正方形图片，再根据数字判断不同的位置放对应的小正方形图片，这就是用二维列表布局游戏地图的原理。

下面我们创建一个游戏地图的二维列表，用0代表路的图片、用1代表墙的图片，用3代表英雄角色的图片，用6代表门的图片，代码如下。

```
map1 = [
    [0, 1, 3, 1, 1, 1, 1, 1, 1, 1],
```

```
    [0, 0, 0, 0, 0, 0, 0, 0, 0, 1],
    [1, 1, 1, 1, 0, 0, 1, 1, 0, 1],
    [0, 0, 0, 0, 0, 0, 0, 1, 0, 1],
    [0, 0, 0, 0, 1, 0, 0, 1, 0, 1],
    [0, 0, 0, 0, 1, 1, 0, 1, 0, 1],
    [0, 0, 0, 0, 0, 0, 0, 0, 0, 1],
    [0, 1, 1, 1, 0, 1, 1, 0, 0, 1],
    [0, 0, 0, 1, 0, 1, 0, 0, 0, 0],
    [0, 0, 0, 1, 1, 1, 0, 0, 0, 6]
]
```

迷宫地图已经用二维列表设计好了，下面我们就将地图显示在画布上。先来创建一块 160*160 的画布，代码如下。

```
from pgzrun import *
WIDTH = 160
HEIGHT = 160


def draw():
    screen.fill("tan")


go()
```

运行代码，如图 9.2 所示。

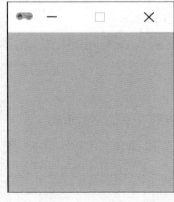

图 9.2　画布

下面我们开始绘制地图，如果想从二维列表中取出特定数字，就要先取出子列表，如果将二维列表想象成一个表格，我们要先选出一行，通过"列表名 [行索引]"语句可以选出子列表。下面我们再从这个子列表中选出一个数字，也就是对应着二维列表的表格中的列，通过"列表名 [行索引][列索引]"语句可以选出二维列表中的数字了。

例如，想选出列表 map2 中第 0 行、第 1 列的数字 2，代码如下。不要忘了列表的索引是从 0 开始计算的。

```
map1 = [
    [1, 2, 3],
    [4, 5, 6],
    [7, 8, 9]
]
print(map1[0][1])
```

遍历二维列表，用双重 for 循环语句就可以了。由于先遍历行，再遍历列，所以我们的循环变量依次用 y 和 x 表示。遍历二维列表的代码如下，可以依次输出二维列表中的数字。

```
for y in range(3):
    for x in range(3):
        print(map1[y][x])
```

下面我们要开始布局迷宫地图了。这个地图主要由小路和墙壁两种角色组成，我们分别用列表进行存储。由于英雄角色和门角色的位置的地图也是小路，所以在布局迷宫地图时，也先按小路角色处理，代码如下。

```
road_list = []
wall_list = []
def set_map(map):
    for y in range(10):
        for x in range(10):
```

```
        if map1[y][x] == 0:
            new_tile = Actor( "road", (16*x+8,
                16*y+8))
            road_list.append(new_tile)
        elif map1[y][x] == 1:
            new_tile = Actor("wall", (16*x+8,
                16*y+8))
            road_list.append(new_tile)
            wall_list.append(new_tile)
        elif map1[y][x] == 3:
            new_tile = Actor("road", (16*x+8,
                16*y+8))
            road_list.append(new_tile)
        elif map1[y][x] == 6:
            new_tile = Actor("road", (16*x+8,
                16*y+8))
            road_list.append(new_tile)
set_map(map1)
```

迷宫地图的各个角色创建好了，通过遍历列表将它们全部绘制出来吧！代码如下。

```
def draw():
    for r in road_list:
        r.draw()
    for w in wall_list:
        w.draw()
```

历尽千辛万苦，运行代码，我们终于绘制出了迷宫的地图，结果如图 9.3 所示。

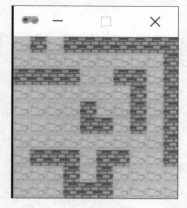

图 9.3　迷宫地图

9.2　创建英雄角色并让其移动

接下来我们让英雄角色出场，创建英雄角色并在画布上绘制出来，代码如下。

```
hero = Actor("hero", (0, 0))
def draw():
    hero.draw()
```

英雄角色显示的位置与迷宫地图的二维列表不一致，所以在布局地图时要顺便调整一下英雄角色的位置，代码如下。

```
def set_map(map):
    for y in range(10):
        for x in range(10):
            if map1[y][x] == 3:
                new_tile = Actor("road", (16*x+8, 16*y+8))
                road_list.append(new_tile)
                hero.pos = (16*x+8, 16*y+8)
                                    # 设置英雄角色的位置
```

运行代码，如图 9.4 所示，英雄角色终于在迷宫地图的指定位置出现了。

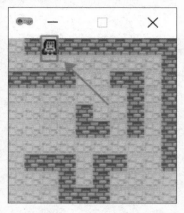

图 9.4 英雄角色出现

接下来我们用键盘事件控制英雄角色移动，代码如下。

```
speed_hero = 1
def update():
    global speed_hero
    if keyboard.left:
        hero.x -= speed_hero
    elif keyboard.right:
        hero.x += speed_hero
    elif keyboard.up:
        hero.y -= speed_hero
    elif keyboard.down:
        hero.y += speed_hero
```

9.3 设置过关机制

怎么才能算过关呢？让英雄角色碰到门就可以了。我们先来创建一个门角色，代码如下。

```
door = Actor("door", (0, 0))
def draw():
    door.draw()
```

门角色的初始位置要与二维列表保持一致，处理方式与对英雄角色的处理方式是一样的，代码如下。

```
def set_map(map):
    for y in range(10):
        for x in range(10):
            if map1[y][x] == 6:
                new_tile = Actor("road", (16*x+8, 16*y+8))
                road_list.append(new_tile)
                hero.pos = (16*x+8, 16*y+8)
                                    # 设置英雄角色的位置
                door.pos = (16*x+8, 16*y+8)
                                    # 设置门角色的位置
```

当英雄角色碰撞到门后，游戏结束。此时让英雄角色的移动速度为0，并且输出"过关！"，代码如下。

```
def update():
    if door.colliderect(hero):
        print("过关！！")
        speed_hero = 0
```

我们还要在游戏胜利时在画布上写上鼓励的文字。为了实现这个目的，我们用一个状态变量win来表示目前游戏是否处于胜利状态，如果游戏胜利就执行draw()函数里的绘制文字的代码，整体代码如下。

```
# 设置状态变量
win = False

# 胜利后绘制文字
```

```
def draw():
    if win:
     screen.draw.text("WELL DONE!", (40, 80), fontsize=30,
                            fontname="", color="red")
# 判断是否胜利，改变状态变量的值
def update():
    global win
    if door.colliderect(hero):
        print("过关！！")
        speed_hero = 0
        win = True  # 设置胜利状态
```

运行代码，结果如图 9.5 所示。

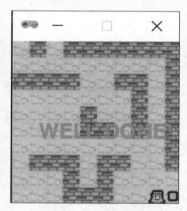

图 9.5 程序的输出结果

9.4 防止英雄角色穿墙而过

现在英雄角色是可以穿墙而过的。我们要怎么避免出现这个现象呢？可以在 update() 里随时记录英雄角色的坐标位置。如果检测到英雄角色已经与墙壁角色碰撞了，就让英雄角色回到刚刚记录的坐标位置，代码如下。

```
def update():
    global wall_list
    hero_x0 = hero.x   # 记录英雄角色移动前的横坐标
    hero_y0 = hero.y   # 记录英雄角色移动前的纵坐标
    # 判断英雄角色是否撞墙
    for w in wall_list:
        if w.colliderect(hero):
            print(" 撞墙 ")
            hero.x = hero_x0
            hero.y = hero_y0
```

游戏《迷宫探险》已经做完了，完整的代码如下。

```
from pgzrun import *
from math import *
WIDTH = 160
HEIGHT = 160
speed_hero = 1
hero = Actor("hero", (0, 0))
door = Actor("door", (0, 0))
road_list = []
wall_list = []
win = False   # 设置状态变量
# 在地图二维列表中，"0"代表路、"1"代表墙，"3"代表英雄角色的
初始位置，"6"代表门
map1 = [
    [0, 1, 3, 1, 1, 1, 1, 1, 1, 1],
    [0, 0, 0, 0, 0, 0, 0, 0, 0, 1],
    [1, 1, 1, 1, 0, 0, 1, 1, 0, 1],
    [0, 0, 0, 0, 0, 0, 0, 1, 0, 1],
    [0, 0, 0, 0, 1, 0, 0, 1, 0, 1],
    [0, 0, 0, 0, 1, 1, 0, 1, 0, 1],
    [0, 0, 0, 0, 0, 0, 0, 0, 0, 1],
    [0, 1, 1, 1, 0, 1, 1, 0, 0, 1],
    [0, 0, 0, 1, 0, 1, 0, 0, 0, 0],
```

```
    [0, 0, 0, 1, 1, 1, 0, 0, 0, 6]
]

def set_map(map):
    for y in range(10):
        for x in range(10):
            if map1[y][x] == 0:
                new_tile = Actor("road", (16*x+8,
                    16*y+8))
                road_list.append(new_tile)
            elif map1[y][x] == 1:
                new_tile = Actor("wall", (16*x+8,
                    16*y+8))
                road_list.append(new_tile)
                wall_list.append(new_tile)
            elif map1[y][x] == 3:
                new_tile = Actor("road", (16*x+8,
                    16*y+8))
                road_list.append(new_tile)
                hero.pos = (16*x+8, 16*y+8)
            elif map1[y][x] == 6:
                new_tile = Actor("road", (16*x+8,
                    16*y+8))
                road_list.append(new_tile)
                door.pos = (16*x+8, 16*y+8)
set_map(map1)

def draw():
    screen.fill("tan")
    for r in road_list:
        r.draw()
    for w in wall_list:
        w.draw()
    hero.draw()
    door.draw()
    if win:
```

```
            screen.draw.text("WELL DONE!", (25, 80), fontsize=30,
                            fontname="", color="red")

def update():
    global speed_hero, road_list, wall_list, win
    hero_x0 = hero.x    # 记录英雄角色移动前的横坐标
    hero_y0 = hero.y    # 记录英雄角色移动前的纵坐标
    if keyboard.left:
        hero.x -= speed_hero
    elif keyboard.right:
        hero.x += speed_hero
    elif keyboard.up:
        hero.y -= speed_hero
    elif keyboard.down:
        hero.y += speed_hero
    # 判断英雄角色是否撞墙
    for w in wall_list:
        if w.colliderect(hero):
            print("撞墙")
            hero.x = hero_x0
            hero.y = hero_y0
    # 判断英雄角色是否胜利
    if door.colliderect(hero):
        print("过关！！")
        speed_hero = 0
        win = True

go()
```

这个游戏还可以怎么优化呢？可以设计几个走来走去的敌人角色或飞来飞去的恶龙角色；可以设计在路上有金币和宝箱；可以设计要先拿到钥匙才能出门；可以设计有几个能够穿越的门……

发挥你的聪明才智，尝试一下吧！

| 第十章 |

坦克大战

重点知识

1. 了解创建由多部分组成的角色的方法
2. 学习 angle_to() 方法的使用
3. 掌握对同一角色同时设置鼠标事件、键盘事件的方法
4. 掌握三角函数在游戏设计中的应用方法

这一章我们来做一个游戏《坦克大战》。我们可以通过键盘控制坦克的移动，通过鼠标调整坦克炮筒的方向并让其发射子弹。而从天而降的飞机也能自动调整方向，并朝着坦克移动。这一章的游戏是这本书中最复杂的，如果你能把这个游戏学会，就说明你的游戏编程水平又上了一个台阶啦！准备好了吗？我们现在开始学习吧。

10.1 创建画布

我们先创建一块 600*600 的画布，填充颜色，代码如下。

```
from pgzrun import *
WIDTH = 600
HEIGHT = 600


def draw():
    screen.fill("tan")


go()
```

运行代码，结果如图 10.1 所示。

图 10.1　画布

10.2　创建复杂的坦克角色

　　为什么说坦克是复杂的角色呢？因为坦克的炮筒部分是可以旋转的。一个坦克由两部分组成：底座和炮筒。所以我们要创建两个角色，这样才能构成一个完整的坦克，坦克的底座和炮筒分别如图 10.2 和图 10.3 所示。

tank1_1.png

图 10.2　坦克的底座

tank1_2.png

图 10.3　坦克的炮筒

分别创建并绘制坦克角色的两个部分（底座、炮筒），代码如下。

```
tank_1 = Actor("tank1_1", (300, 300))
tank_2 = Actor("tank1_2", (300, 300))

def draw():
    screen.fill("tan")
    tank_1.draw()
    tank_2.draw()
```

运行代码，如图 10.4 所示，我们看到了一个完整的坦克角色。

图 10.4 完整的坦克角色

10.3 鼠标和键盘控制坦克角色

坦克由底座和炮筒组成，我们要如何通过键盘控制坦克角色的移动呢？让两个部分同时移动就可以啦！当我们通过键盘让坦克角色的底座朝一个方向移动一段距离时，让坦克角色的炮筒朝着同样的方向移动相同的距离，代码如下。

```
speed_tank = 5

def update():
```

```
global speed_tank, spped_bullet, speed_enemy
if keyboard.left:
    tank_1.x -= speed_tank
    tank_2.x -= speed_tank
elif keyboard.right:
    tank_1.x += speed_tank
    tank_2.x += speed_tank
elif keyboard.up:
    tank_1.y -= speed_tank
    tank_2.y -= speed_tank
elif keyboard.down:
    tank_1.y += speed_tank
    tank_2.y += speed_tank
```

坦克角色的整体移动已经解决了。下面我们来完成用鼠标控制炮筒的方向。让炮筒始终指向鼠标光标的位置。这里用到了鼠标移动事件 on_mouse_move()，通过 pos 可以获得鼠标光标的位置坐标。下面介绍一个厉害的函数：angle_to()，这个函数通过"角色 A.angle_to(点 B 坐标或角色 B)"语句获得角色 A 朝向角色 B 坐标需要旋转的角度。通过下面两行代码就能实现让坦克角色的炮筒随时指向鼠标光标的位置啦！代码如下。

```
def on_mouse_move(pos):
    tank_2.angle = tank_2.angle_to(pos)
```

现在我们已经可以同时用键盘和鼠标控制坦克角色了。键盘控制坦克角色的移动方向，鼠标控制坦克角色的炮筒的方向，运行代码，是不是有大型游戏的感觉了？

10.4　飞机角色出场

下面让飞机角色出场，和前面的游戏一样，我们用一个列表 enemies

来管理所有的飞机角色。但飞机角色可能从上下左右四个方向出现，我们用随机数决定飞机角色从哪个方向出现，并在对应的区域范围内生成随机位置，代码如下。

```
from random import *
enemies = []  # 保存飞机角色的列表

def creat_enemy():
    n = randint(1, 4)
    if n == 1:  # 从左侧出现
        x = randint(-20, 0)
        y = randint(0, 600)
    elif n == 2:  # 从右侧出现
        x = randint(600, 620)
        y = randint(0, 600)
    elif n == 3:  # 从上侧出现
        x = randint(600, 620)
        y = randint(-20, 0)
    elif n == 4:  # 从下侧出现
        x = randint(600, 620)
        y = randint(600, 620)
    enemy = Actor("enemy1", (x, y))
    enemies.append(enemy)
```

创建飞机角色的函数定义好了，我们用定时器调用这个函数，每隔 1 秒创建一个飞机角色，代码如下。

```
clock.schedule_interval(creat_enemy, 1)
```

在 draw() 函数中遍历列表，将飞机角色都绘制出来吧！代码如下。

```
def draw():
    for e in enemies:
        e.draw()
```

下面让飞机角色朝着坦克角色移动。通过前面讲解的 angle_to() 函数可以轻松实现让飞机角色朝着坦克角色移动，代码如下。

```
def update():
    for e in enemies:
        e.angle = e.angle_to(tank_2)
```

那么飞机角色每次在水平方向和竖直方向分别移动多少才能保证它是朝着坦克角色移动呢？这里用到了三角函数知识。这个知识点比较难，如果你理解不了，可以先跳过这部分。

飞机角色的速度 speed_enemy 是飞机角色相对坦克角色的速度，如图 10.5 所示，如果飞机角色和坦克角色不在同一水平方向或同一竖直方向，就需要借助三角函数的知识，计算水平方向和竖直方向移动的速度。水平方向上的速度为 cos(a) *speed_enemy，竖直方向上的速度为 sin(a) * speed_enemy。

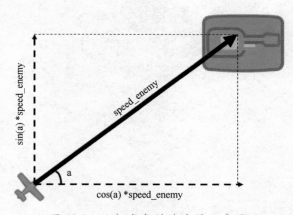

图 10.5 飞机角色的速度的示意图

在 Python 中使用三角函数需要先导入 math 库，所以飞机角色向坦克角色移动的代码如下。

```
from math import *
speed_enemy = 2
```

```
def update():
    global speed_tank, speed_enemy
    for e in enemies:
        e.angle = e.angle_to(tank_2)
        e.speed_x = cos(e.angle_to(tank_2))*speed_enemy
        e.speed_y = sin(e.angle_to(tank_2))*speed_enemy
        e.x += e.speed_x
        e.y -= e.speed_y
```

运行代码，如图 10.6 所示，飞机角色可以自动地朝着坦克角色飞行了。而且当我们移动坦克角色时，飞机角色可以自动、实时地调整方向。

图 10.6 飞机角色向坦克角色移动

10.5 发射子弹

什么时候创建子弹角色呢？答案是在点击鼠标时，所以我们要设置一个鼠标按下事件。同样地，子弹角色的数量很多，需要创建一个列表进行管理。子弹角色是从坦克角色的炮筒位置发出的，所以子弹角色初始的横坐标、纵坐标分别与坦克角色炮筒的横坐标、纵坐标保持一致。

每颗子弹角色的移动方向就是发射这颗子弹时炮筒角色的方向。发射子弹角色之后再移动炮筒角色不会影响已经发射的子弹，所以要把每颗子弹的水平方向和竖直方向上的速度通过三角函数计算出来，并且以属性的方式存在子弹角色对象里，代码如下。

```python
bullets = []

def on_mouse_down():
    x = tank_2.x
    y = tank_2.y
    bullet = Actor("bullet1", (x, y))
    bullet.angle = tank_2.angle
    bullet.speed_x = cos(pi*tank_2.angle/180)*speed_bullet
    bullet.speed_y = sin(pi*tank_2.angle/180)*speed_bullet
    bullets.append(bullet)
```

遍历子弹角色列表，将所有的子弹角色都绘制在画布上，代码如下。

```python
def draw():
    for b in bullets:
        b.draw()
```

让子弹角色移动！而且当子弹角色碰到画布边缘时，从子弹角色列表中删除相应的子弹角色，代码如下。

```python
def update():
    global speed_tank, speed_bullet, speed_enemy
    for b in bullets:
        b.x += b.speed_x
        b.y -= b.speed_y
        if b.y < 0 or b.y > HEIGHT or b.x < 0 or b.x > WIDTH:
            bullets.remove(b)
```

运行代码，如图 10.7 所示，我们可以看到坦克能发射子弹啦！

图 10.7　坦克角色发射子弹

10.6　设置游戏结束机制

接下来，我们进行游戏中最重要的部分 —— 设置游戏结束机制。当子弹角色击中飞机角色时，我们把这颗子弹角色和被打中的飞机角色从对应的列表中删除。这个部分的逻辑和前面的游戏《飞机大战》中子弹角色打敌机角色的逻辑是一样的，用到了 for 循环语句的嵌套，代码如下。

```
def update():
    for b in bullets:
        for e in enemies:
            if b.colliderect(e):
                bullets.remove(b)
                enemies.remove(e)
                print(" 击中飞机 ")
```

游戏什么时候结束呢？当飞机角色碰到坦克角色时游戏结束，我们需要将坦克角色的速度、子弹角色的速度、飞机角色的速度都设置为零，并且取消创建飞机角色的定时器。这里的逻辑也与《飞机大战》游戏结束的逻辑一致，不再赘述，代码如下。

```
def update():
    global speed_tank, speed_enemy, speed_bullet
    for e in enemies:
        if e.colliderect(tank_2) or e.colliderect(tank_1):
            speed_tank = 0
            speed_bullet = 0
            speed_enemy = 0
            clock.unschedule(creat_enemy)
            print("GAME OVER!")
```

《坦克大战》的游戏已经完成了，完整的代码如下。

```
from pgzrun import *
from math import *
from random import *
WIDTH = 600
HEIGHT = 600
speed_tank = 5
speed_bullet = 5
speed_enemy = 2
tank_1 = Actor("tank1_1", (300, 300))
tank_2 = Actor("tank1_2", (300, 300))
bullets = []
enemies = []


def creat_enemy():
    n = randint(1, 4)
    if n == 1:  # 从左侧出现
        x = randint(-20, 0)
        y = randint(0, 600)
    elif n == 2:  # 从右侧出现
```

```python
        x = randint(600, 620)
        y = randint(0, 600)
    elif n == 3:   # 从上侧出现
        x = randint(600, 620)
        y = randint(-20, 0)
    elif n == 4:   # 从下侧出现
        x = randint(600, 620)
        y = randint(600, 620)
    enemy = Actor("enemy1", (x, y))
    enemies.append(enemy)


def draw():
    screen.fill("tan")
    tank_1.draw()
    tank_2.draw()
    for e in enemies:
        e.draw()
    for b in bullets:
        b.draw()


def on_mouse_move(pos):
    tank_2.angle = tank_2.angle_to(pos)


def on_mouse_down():
    x = tank_2.x
    y = tank_2.y
    bullet = Actor("bullet1", (x, y))
    bullet.angle = tank_2.angle
    bullet.speed_x = cos(pi*tank_2.angle/180)*speed_bullet
    bullet.speed_y = sin(pi*tank_2.angle/180)*speed_bullet
    bullets.append(bullet)


def update():
    global speed_tank, speed_bullet, speed_enemy
```

```
if keyboard.left:
    tank_1.x -= speed_tank
    tank_2.x -= speed_tank
elif keyboard.right:
    tank_1.x += speed_tank
    tank_2.x += speed_tank
elif keyboard.up:
    tank_1.y -= speed_tank
    tank_2.y -= speed_tank
elif keyboard.down:
    tank_1.y += speed_tank
    tank_2.y += speed_tank


for b in bullets:
    b.x += b.speed_x
    b.y -= b.speed_y
    if b.y < 0 or b.y > HEIGHT or b.x < 0 or b.x > WIDTH:
        bullets.remove(b)
    for e in enemies:
        if b.colliderect(e):
            bullets.remove(b)
            enemies.remove(e)
            print("击中飞机")


for e in enemies:
    e.angle = e.angle_to(tank_2)
    e.speed_x = cos(e.angle_to(tank_2))*speed_enemy
    e.speed_y = sin(e.angle_to(tank_2))*speed_enemy
    e.x += e.speed_x
    e.y -= e.speed_y
    if e.colliderect(tank_2) or e.colliderect(tank_1):
        speed_tank = 0
        speed_bullet = 0
        speed_enemy = 0
```

```
            clock.unschedule(creat_enemy)
            print("GAME OVER!")

clock.schedule_interval(creat_enemy, 1)
go()
```

恭喜你完成了这本书里所有游戏设计的学习。但这只是开始，我们学会了设计游戏的思路、方法、技巧，接下来才是游戏设计之旅的真正起点。学会了使用绘画工具不等于绘画生涯的结束，而是绘画生涯的开始，持续使用绘画工具创作出优秀的作品才能成为真正的大画家。

你就是未来的"游戏设计师"，向终点出发吧！